华章图书

一本打开的书，
一扇开启的门，
通向科学殿堂的阶梯，
托起一流人才的基石。

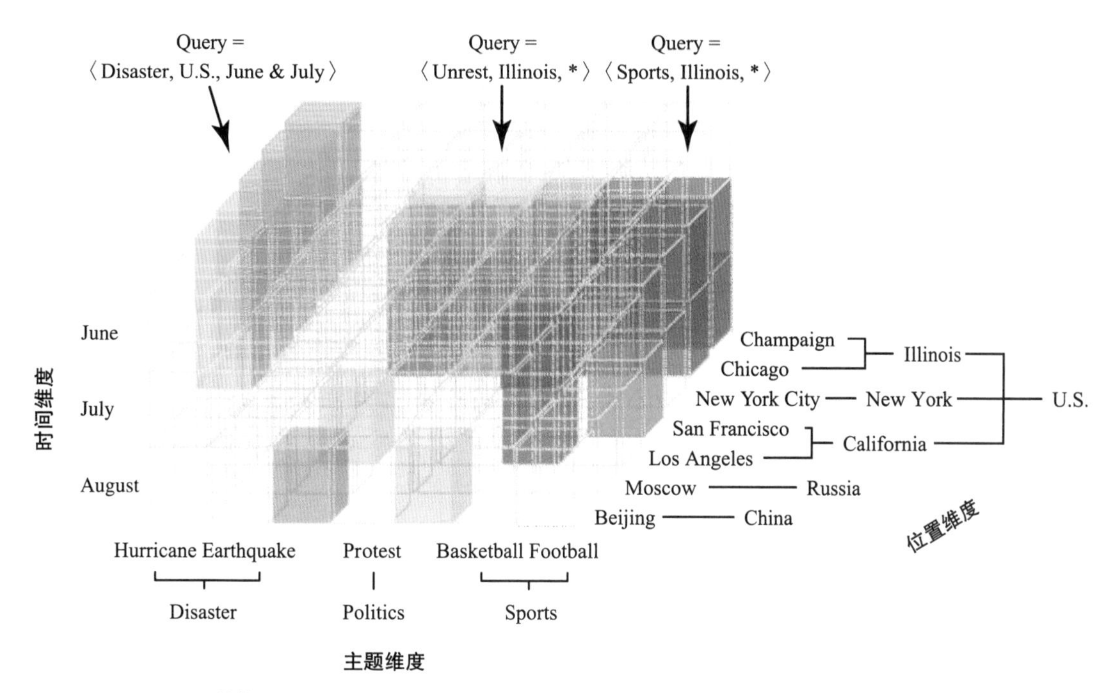

图 1.2 基于社交媒体数据的三维（主题、位置、时间）文本立方体的示例（每个维度都有一个分类结构，三个维度将整个数据空间划分为一个三维、多粒度的结构，其中包含社交媒体记录。最终用户可以使用灵活的声明性查询来检索相关数据，以便根据自己的需求进行数据分析）

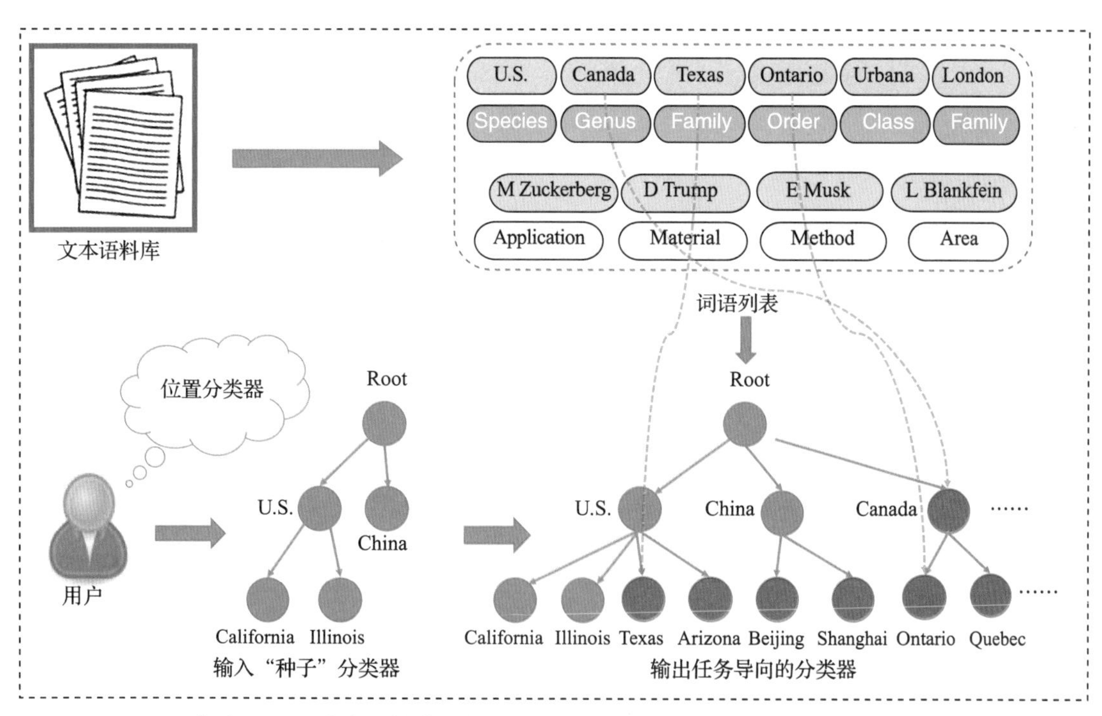

图 3.1 任务导向的分类器构建示意图（用户提供一个“种子”分类树作为任务指导，我们从原始文本语料库中提取关键词，并自动生成所需的分类树）

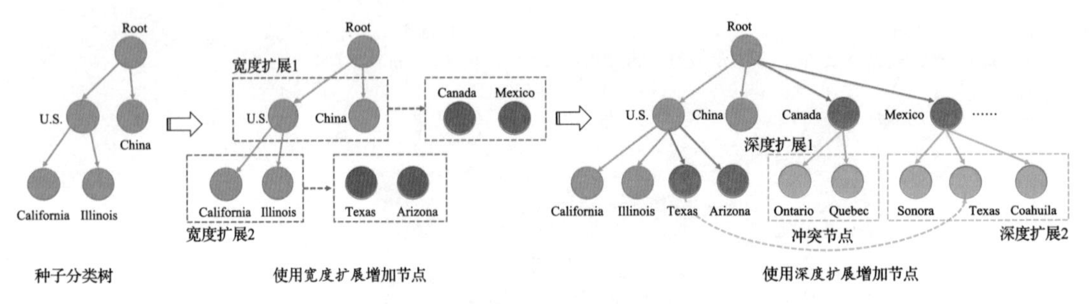

图 3.2 层次树扩展算法的概述

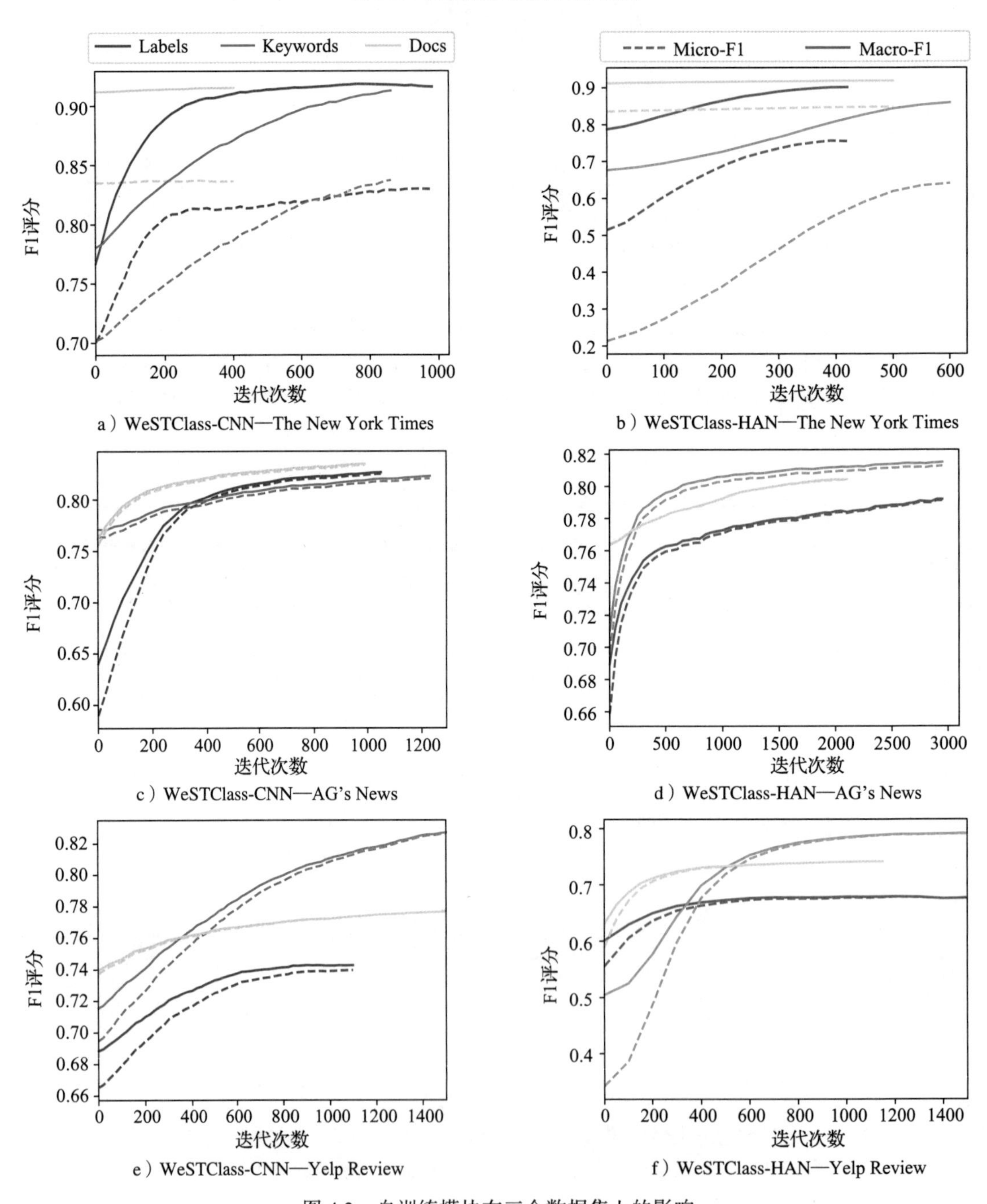

a）WeSTClass-CNN—The New York Times

b）WeSTClass-HAN—The New York Times

c）WeSTClass-CNN—AG's News

d）WeSTClass-HAN—AG's News

e）WeSTClass-CNN—Yelp Review

f）WeSTClass-HAN—Yelp Review

图 4.2 自训练模块在三个数据集上的影响

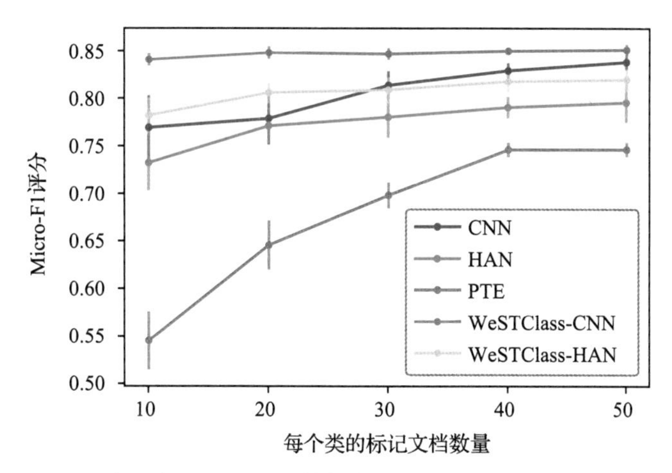

图 4.3　不同方法在 AG's News 数据集上对于不同数量标记文档的性能

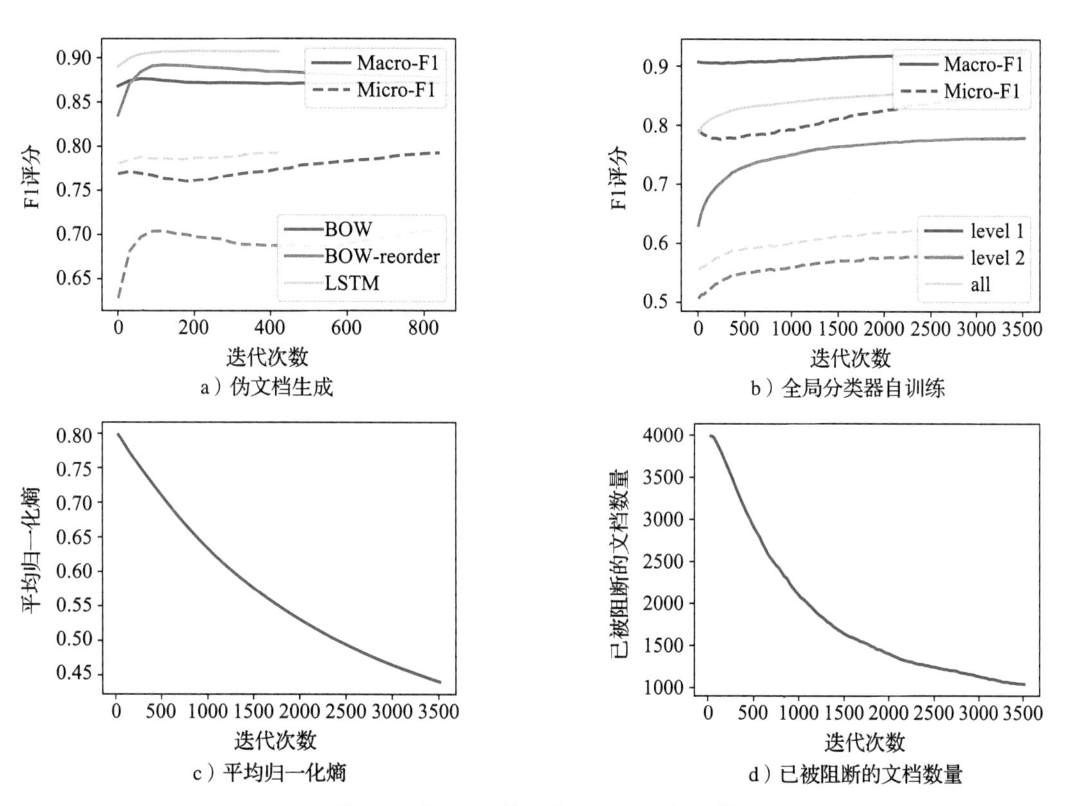

图 5.2　在 NYT 数据集上进行组件评估

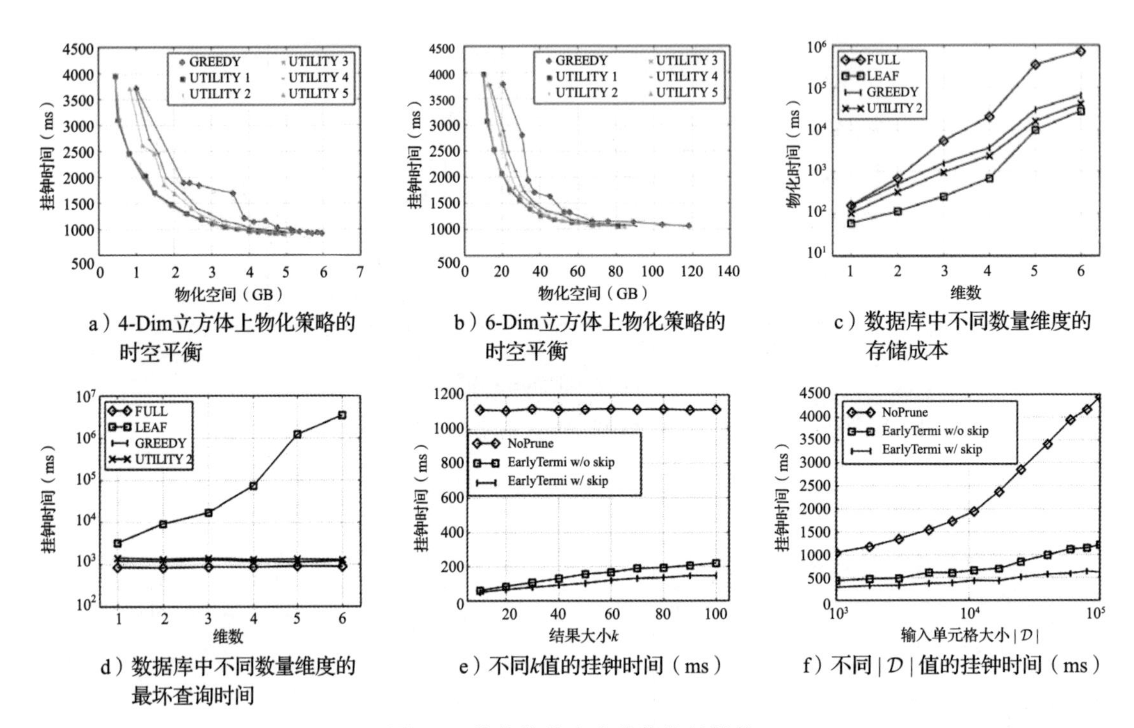

a）4-Dim立方体上物化策略的时空平衡

b）6-Dim立方体上物化策略的时空平衡

c）数据库中不同数量维度的存储成本

d）数据库中不同数量维度的最坏查询时间

e）不同k值的挂钟时间（ms）

f）不同 $|\mathcal{D}|$ 值的挂钟时间（ms）

图 6.7　物化优化和在线优化的性能

a）LGTA

b）CrossMap

图 7.15　LGTA 和 CrossMap 在三个活动分类上生成的特征向量的可视化：“food”（紫色）、“travel and transport”（蓝色）、“Residence”（橙色）（每个 4SQ 记录的特征向量都被 t-SNE[Maaten and Hinton, 2008] 映射为一个二维的点）

数据科学与工程技术丛书

MULTIDIMENSIONAL MINING OF MASSIVE TEXT DATA

海量文本数据的多维挖掘

[美] 张超（Chao Zhang） 佐治亚理工学院
韩家炜（Jiawei Han） 伊利诺伊大学厄巴纳-香槟分校 著

黄琰 陈健 译

机械工业出版社
China Machine Press

图书在版编目（CIP）数据

海量文本数据的多维挖掘 /（美）张超（Chao Zhang），（美）韩家炜（Jiawei Han）著；黄琰，陈健译．—北京：机械工业出版社，2020.7

（数据科学与工程技术丛书）

书名原文：Multidimensional Mining of Massive Text Data

ISBN 978-7-111-65990-7

I. 海… II. ①张… ②韩… ③黄… ④陈… III. 数据采集－研究 IV. TP274

中国版本图书馆 CIP 数据核字（2020）第 122132 号

本书版权登记号：图字 01-2020-1331

Multidimensional Mining of Massive Text Data, 9781681735191, by Chao Zhang and Jiawei Han.

Part of Synthesis Lectures on Data Mining and Knowledge Discovery.

Series Editor: Jiawei Han, Johannes Gehrke, Lise Getoor, Robert Grossman, Wei Wang.

本书介绍在少量的监督下将非结构化数据转化为多维知识的文本立方体框架。该框架先通过一个立方体构造算法将非结构化数据转化为多维的、多粒度的立方体结构，再通过一个立方体开发算法提取立方体空间中的多维知识。本书还给出了一些应用示例。

本书适用于对数据挖掘、机器学习感兴趣的学生及研究人员。

出版发行：机械工业出版社（北京市西城区百万庄大街 22 号 邮政编码：100037）

责任编辑：孙榕舒　　责任校对：李秋荣

印　　刷：北京市荣盛彩色印刷有限公司　　版　　次：2020 年 7 月第 1 版第 1 次印刷

开　　本：185mm × 260mm 1/16　　印　　张：11.5（含 0.25 印张彩插）

书　　号：ISBN 978-7-111-65990-7　　定　　价：79.00 元

客服电话：（010）88361066 88379833 68326294　　投稿热线：（010）88379604

华章网站：www.hzbook.com　　读者信箱：hzjsj@hzbook.com

译 者 序

现实世界中源源不断产生的数据在很大程度上是非结构化、互联和动态的，且以自然语言文本的形式出现。目前普遍应用的数据处理技术多数都是采用先标记数据再提取知识的劳动密集型方式，难以进行扩展。本书作者认为，大量的文本数据本身就隐含了大量的隐式结构和知识，想要将非结构化的大数据变成有用的知识，首先要做的就是将数据结构化。韩家炜教授提出了两种结构化数据形式，即异质网络和多维文本立方体。将结构化数据转化为知识的技术已被证明是非常强大的，但是将非结构化数据转化为结构化数据则是非常困难的。韩家炜教授的团队一直沿着“从真实的数据到结构化数据，再到有用的知识”这条路进行研究，并且已经在这条路上突破了几个可以继续研究的方向。

本书介绍了将非结构化文本数据转化为多维知识的数据挖掘技术，针对两个核心问题“如何使用多维度的声明性查询来识别与任务相关的文本数据”和“如何从多维空间的文本数据中提取知识”提出了一个文本立方体框架，该框架包含文本立方体构造和文本立方体开发两个部分，以少量的监督将文本数据转化为多维知识。同时，给出了一些应用场景以及未来的研究方向。本书适用于对数据挖掘、机器学习感兴趣的学生和研究人员。教师也可以在任何相关领域的课程中根据需要自行使用本书。

本书的两位作者韩家炜和张超都是数据挖掘领域的优秀学者。韩家炜教授是伊利诺伊大学厄巴纳 - 香槟分校计算机科学系的杰出教授，其研究方向包括数据挖掘、信息网络分析、数据库系统和数据仓库。他在相关领域的顶级会议和期刊上发表过大量优秀的文章，曾在许多数据挖掘和数据库国际会议上担任委员会主席或其他职务。张超是佐治亚理工学院计算科学与工程学院的助理教授，并且在 2018 年获得了伊利诺伊大学厄巴纳 - 香槟分校计算机科学博士学位。他的研究领域包括数据挖掘和机器学习。此外，他在顶级会议和期刊上发表了 40 多篇文章。

本书的翻译工作由华南理工大学软件学院研究生黄琰和陈健教授完成。同时，华南理工大学软件学院的王佳纯和谢方圆同学为本书的翻译工作提供了大量的帮助。在此也对机械工业出版社为本书翻译工作提供大量帮助的编辑表示感谢。

由于中文与英文之间存在句式与语法的差异，且译者水平有限，译文中难免存在疏漏和错误，欢迎大家批评指正！

黄琰　陈健
广州华南理工大学
2020 年 1 月 15 日

作 者 简 介

张超（Chao Zhang）是佐治亚理工学院计算科学与工程学院的助理教授。他的研究领域是数据挖掘和机器学习。他热衷于开发标签高效且强大的学习技术，并将其应用于文本挖掘和时空数据挖掘。他在顶级会议和期刊（例如 KDD、WWW、SIGIR、VLDB 和 TKDE）上发表了 40 多篇论文。他是 ECML/PKDD 最佳学生论文亚军奖（2015）、微软明日之星卓越奖（2014）和蒋震海外研究生奖学金（2013）的获得者。他所开发的技术已被媒体广泛报道，并应用于工业生产。在加入佐治亚理工学院之前，他在 2018 年获得了伊利诺伊大学厄巴纳 – 香槟分校计算机科学博士学位。

韩家炜（Jiawei Han）是伊利诺伊大学厄巴纳 – 香槟分校计算机科学系的 Abel Bliss 教授。他的研究领域是数据挖掘、信息网络分析、数据库系统和数据仓库，在期刊和会议上发表了 900 多篇论文。他曾在许多数据挖掘和数据库国际会议的程序委员会中担任主席或其他职务。他是 *ACM Transactions on Knowledge Discovery from Data* 的创始主编、美国陆军研究实验室支持的信息网络学术研究中心的主任（2009 ～ 2016），也是自 2014 年以来由 NIH 资助的大数据计算卓越中心 KnowEnG 的联合主任。他还是 ACM 会士、IEEE 会士，并获得了 2004 年 ACM SIGKDD 创新奖、2005 年 IEEE 计算机学会技术成就奖和 2009 年 IEEE 计算机学会 W. Wallace McDowell 奖。他与人合著的 *Data Mining: Concepts and Techniques* 已经成为全球流行的教科书。

译者简介

黄　琰　华南理工大学软件工程专业硕士，专业方向是数据挖掘与商务智能。毕业后在通信行业 IT 部门从事计算机相关工作，先后担任多个业务支撑项目的 IT 项目经理，负责聚合支付平台、充值平台、电子签名系统等多个平台和系统的建设与运营，参与 AI 平台的建设和业务运营工作。近年来先后参与了四部译著的翻译工作。

陈　健　现任华南理工大学教授、博士生导师，是中国计算机学会高级会员、中国计算机学会数据库专业委员会委员、广东省计算机学会大数据专业委员会副主任、广东省计算机学会数据库分会理事和秘书长、广东省计算机学会计算智能专业委员会委员。曾在加拿大西蒙弗雷泽大学计算机科学学院和新加坡国立大学计算学院从事数据挖掘和机器学习方面的研究工作，并主持多项国家级、省级项目。近十年以来，在国际学术期刊和国际会议上发表论文六十多篇，出版译著四部，主编丛书一部。

目　录

第1章

引　　言

1.1　概述

文本是人类记录和传递信息最重要的数据形式之一。在广泛的领域中，每天都有数以亿计的文本内容——例如推文、新闻文章、网页和医疗记录——被创建、共享和分析。据估计，人类知识中超过 80% 都是以非结构化文本的形式进行编码的 [Gandomi and Haider, 2015]。基于此，从文本数据中提取有用的见解对于各类应用的决策至关重要，包括自动化医疗诊断 [Byrd et al., 2014 ； Warrer et al., 2012]、灾难管理 [Li et al., 2012b ； Sakaki et al., 2010]、欺诈检测 [Li et al., 2017 ； Shu et al., 2017] 和个性化推荐 [Li et al., 2010a, b]。

在许多应用中，人们对文本数据的信息需求正在向**多维化**转变。也就是说，人们可以从给定的文本语料库中通过**多个方面**来获取有用的见解。以一位分析师想要通过新闻语料库来进行灾难分析为例，在找出所有与灾难相关的新闻文章之后，她还需要理解每篇文章提到的是什么灾难、灾难发生的地点和时间，以及相关人员。她甚至可能需要在不同粒度下探索多维的 what-where-when-who 空间，以便回答诸如“2018 年美国发生的所有飓风”或“加利福尼亚州 6 月发生的所有灾难”等问题。灾难分析只是利用多维知识的众多应用之一。我们还可以举几个其他例子：分析生物医学研究语料库通常需要挖掘每篇论文所提到的基因、蛋白质和疾病，并揭示它们之间的相互关系；利用糖尿病患者的医疗档案进行自动诊断，需要将症状与性别、年龄甚至地理区域联系起来；分析美国总统选举活动的 Twitter 数据需要了解不同地理区域和不同时间段人们对各种政治观点的看法。

文本数据中蕴含丰富的上下文信息，使得获取上述多维知识成为可能。这些上下文信息可以是显式的——例如与推文相关联的地理位置和时间戳，以及患者的医学档案元数据，也可以是隐式的——例如新闻文章中提到的兴趣点名称，以及研究论文中讨论的类型实体。正是这些丰富的上下文信息的可用性，使得我们能够沿着多个维度理解文本，以便支持任务和决策。

本书介绍用于**将海量非结构化文本数据转化为多维知识**的数据挖掘算法，并基于这一目标对两个核心问题进行调查研究。

1. 如何使用多维度的声明性查询来识别与任务相关的文本数据？

2. 如何从多维空间的文本数据中提取知识？

我们提出了一个文本立方体框架，该框架以最少的监督来解决上述两个问题。如图 1.1 所示，文本立方体框架包含两个关键部分。第一部分是**立方体构造**，它将非结构化数据组织成多维和多粒度的立方体结构。基于此结构，用户可以通过在不同粒度下的多个维度上指定查询子句来识别与任务相关的数据。第二部分是**立方体开发**，它由一组算法组成，这些算法通过对立方体空间中的多个维度进行联合建模来提取有用的模式。具体而言，该部分提供了在立方体空间中进行跨维度预测和异常事件检测的算法。这两个部分共同构成了一个整体流程：利用立方体结构，用户可以使用声明性查询执行多维、多粒度的数据选择；利用立方体开发算法，用户可以在多维空间中进行模式提取或预测，以便进行决策。

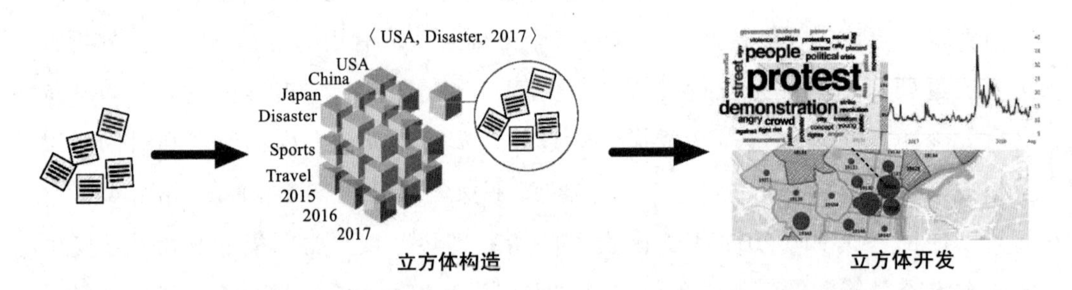

图 1.1　我们提出的框架有两个关键部分：立方体构造部分，将输入数据组织成一个多维、多粒度的立方体结构；立方体开发部分，在多维空间中发现有趣的模式

上述框架在将文本数据转化为多维知识的过程中具有两个独特的优势：**灵活性和标签效率**。首先，该框架可以借助立方体结构灵活地获取多维知识。值得注意的是，用户可以使用简洁的声明性查询来识别不同粒度的多维相关数据，例如〈topic = ‘disaster’, location= ‘U.S.’, time= ‘2018’〉或〈topic = ‘earthquake’, location=

‘California’, time =‘June’〉[㊀]，然后利用任意数据挖掘原语（例如，事件检测、情感分析、摘要、可视化）完成后续分析。其次，该框架具有标签效率。对于立方体构造和开发模块，我们提出的算法几乎不需要监督。这个属性突破了缺少标记数据的瓶颈，使得该框架对于那些获取标记数据成本很高的应用极具吸引力。

文本立方体框架与现有的数据仓库和在线分析处理技术 [Chaudhuri and Dayal, 1997；Han et al., 2011] 有所不同。后两种技术允许用户在多个维度上对结构化数据进行特定分析，在结构化数据的多维分析中已经得到成功运用。遗憾的是，从文本中提取多维知识对传统的数据仓库技术而言是一种挑战——这不仅因为立方体结构中的模式仍然是未知的，而且因为将文本文档分配到立方体空间也很困难。因此，我们提出的算法弥合了数据仓库和非结构化文本数据的多维分析的差距。

另外，该立方体框架与文本挖掘密切相关。然而，现有文本挖掘技术的成功案例仍然主要依赖于监督学习范式。例如，将文档分配到一个文本立方体中的问题是与文本分类相关的，而现有的文本分类模型需要使用大量的标记文档来进行分类模型的学习。另一个例子是事件检测：自然语言处理社区中的事件提取技术依赖人为构造的句子来训练判别模型，以此来判断一个特定类型的事件是否已经发生。但是如果要建立一个事件报警系统，那么几乎不可能枚举所有事件类型，并且无法人为地为每种类型标记足够多的训练数据。我们的研究是通过无监督或弱监督算法来弥补现有的文本挖掘技术，使得在有限监督的情况下能够从给定文本数据中提取知识。

1.2 主要部分

我们提出了一个文本立方体框架，可以在有限的监督下将非结构化数据转化为多维知识。如上所述，该文本立方体框架主要包含两个部分：立方体构造和立方体开发。在本节中，我们将对这两个部分进行概述，并介绍该框架的一些应用场景。

1.2.1 第一部分：立方体构造

从非结构化文本中提取多维知识的第一步是识别与任务相关的数据。当分析师利用 Twitter 数据流对 2016 年美国总统选举进行情感分析时，可能希望检索出 2016

㊀ 在本书的很多地方，为了简洁，我们可能将〈topic =‘disaster’, location =‘U.S.’, time =‘2018’〉简写为〈‘disaster’,‘U.S.’,‘2018’〉。

年加利福尼亚州的用户讨论该事件的所有推文。这些信息需求通常是结构化和多维的，然而输入数据却是非结构化文本。因此，第一个关键步骤是：我们能够在多个维度上使用声明性查询来识别与任务相关的数据，从而进行特定分析吗？

我们将通过少量的监督将大量的非结构化数据组织到一个整洁的文本立方体结构中，以此来解决上述问题。例如，图 1.2 展示了一个三维（主题 - 位置 - 时间）数据立方体，其中每个维度都具有一个从输入的文本语料库中自动挖掘出来的分类结构。利用这个多维、多粒度的立方体结构，用户可以轻松地探索数据空间并利用结构化和声明性的查询来选择相关数据，例如〈 topic = ‘ hurricane’, location = ‘Florida’, time = ‘2017’〉、〈 topic =‘ disaster’, location = ‘Florida’, time= ‘ * ’〉。更好的是，用户还可以在后续过程中使用任意的统计原语（例如，总和、计数、均值）或机器学习工具（例如，情感分析、文本摘要）来对已选出的数据进行动态探索。

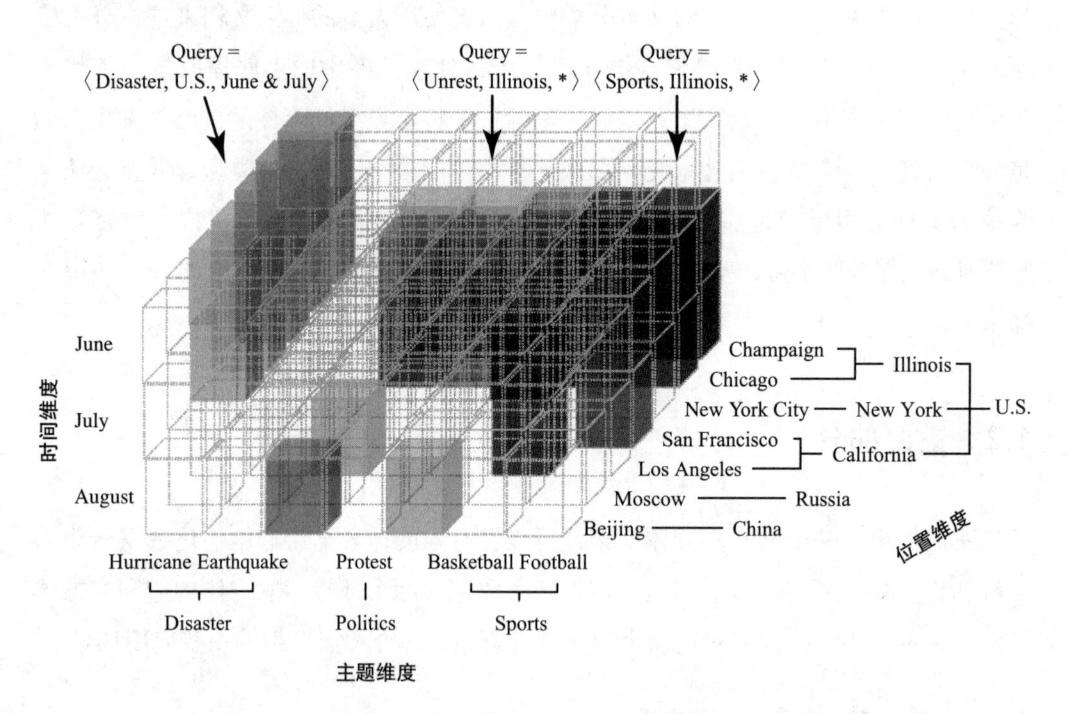

图 1.2　基于社交媒体数据的三维（主题、位置、时间）文本立方体的示例（每个维度都有一个分类结构，三个维度将整个数据空间划分为一个三维、多粒度的结构，其中包含社交媒体记录。最终用户可以使用灵活的声明性查询来检索相关数据，以便根据自己的需求进行数据分析）(见彩插)

将非结构化数据转化为这样一个多维、多粒度的数据立方体主要涉及两个子任务：分类器生成任务；文档分配任务。第一项子任务旨在通过发现每个维度的分类结构来从数据中自动定义立方体模式。第二项子任务旨在将文档分配到立方体的适当单元格中。尽管目前已经存在分类器生成和文本分类的方法，但是绝大多数方法都依赖于大量的训练数据，因此不适用于我们所提出的框架。后续我们将介绍适用于这两项子任务的无监督或弱监督方法。

1.2.2　第二部分：立方体开发

原始非结构化文本数据（例如，社交媒体、SMS 消息）通常是有噪声的。识别相关数据仅仅是多维分析流程的第一步。在识别相关数据之后，下一个问题是在立方体空间中提取感兴趣的多维模式。继续使用图 1.2 中的示例：我们能否检测到 2017 年在纽约市发生的异常活动——该查询转化为在一个立方体单元格〈 *, New York City, 2017 〉中找出异常模式的任务；我们能否预测下午 5 点左右洛杉矶最有可能发生交通拥堵的位置——该查询转化为使用立方体单元格〈 Travel, Los Angeles, 5PM 〉中的数据进行预测的任务；我们能否找出美国的地震热点的演变过程——该查询转化为在一系列立方体单元格中找出与查询〈 Earthquake, U.S., * 〉相匹配的演变模式。

立方体开发部分提供了一组能够发现立方体空间中多维知识的算法，以回答上述问题。该部分的独特之处在于，需要对多个因素联合建模，并在多维空间中发现它们共有的模式。基于这个原则，我们研究了立方体开发部分中的三个重要子任务：首先研究多维文本摘要问题，目的是对用户任意选择的立方体单元格中的文本文档进行概括，这是通过文本摘要算法实现的，该算法通过对比文本分析和全局立方体空间生成简明摘要；然后研究跨维度预测问题，目的是对用于预测分析的多个维度（例如，主题、位置、时间）之间的相关性进行建模，这促进了跨维度预测模型的发展，使得跨不同维度进行预测成为可能；接下来研究异常检测问题，目的是检测任意立方体单元格中的异常模式，所发现的异常模式反映了与用户所选单元格的具体上下文相关的异常行为。

1.2.3　示例应用

文本立方体构造和开发的结合能够支持许多需要多维知识的应用。这两个部分可以单独使用，也可以与其他现有的数据挖掘原语结合使用。下面我们将提供几个示例来对该框架的应用进行说明。

示例 1：灾难检测与解除

社交媒体已被证明是实时检测灾难性事件（例如，野火、飓风）的一个重要数据来源。当紧急灾难爆发时，在传统新闻媒体报道之前，社交媒体网站上就立即出现目击者发布的大量相关信息。利用我们的研究，可以将大量社交媒体流组织起来构建一个四维立方体（what-where-when-who），以便进行灾难分析。利用这个立方体结构，分析师不仅可以轻松查明正在发生的事件，还可以查明发生地点、涉及人员和演变过程。分析师还可以进一步可视化多维立方体空间中的信息，或获取相关文档的简明摘要。这种多维知识对于采取有效的救灾行动是非常有用的。

示例 2：生物医学文献挖掘

PubMed 拥有多达 2730 万篇研究论文，是生物医学研究不可或缺的数据库。由于生物医学论文数量庞大，人们难以对其进行分析，因此对如此庞大的生物医学文献语料库进行自动化分析已经成为一个迫切需求。考虑这样一个系统，它可以根据多个方面（例如，疾病、基因、蛋白质和化学物）自动地组织所有论文，这样就生成了一个数据立方体（disease-gene-protein-chemical），能够通过简单的查询（例如，〈disease = ‘breast cancer’, gene = ‘BRCA1’, *, *〉）快速检索出相关的生物医学论文。它还可以在多维空间中对基因和疾病的相关性进行建模并做出预测，以启发新的生物医学研究。

示例 3：文本情感分析

假设智能手机公司（例如，Apple）想要从大量客户评论中了解客户对产品（例如，iPhone X）的态度。为了设计最有效的广告和产品升级策略，分析师必须了解不同用户群（例如，按性别、年龄、位置划分）对于产品不同方面（例如，价格、大小、电池、速度）的情感。为此，可以利用我们的研究对用户评论语料库构造一个产品评论立方体。然后，分析师可以检索相关数据，进行预测，并在不同粒度下沿着多个维度来分析用户情感。

1.3 技术路线

从技术上讲，我们提出了**无监督和弱监督**算法，这些算法以有限的监督而不是大量的标记数据来执行立方体构造和开发。图 1.3 给出了这些算法的概述。在立方体构造部分，我们提出两种方法：从文本语料库构建分类器的无监督方法 [Shen et al., 2018；Zhang et al., 2018b]；执行多维文本分类的弱监督方法 [Meng et al., 2018, 2019]。在立方体开发部分，我们提出三种算法：一种用于文本立方体的基于多维和对比分析的无监督文本摘要算法 [Tao et al., 2016]；一种基于多模态嵌入的跨维度预测算法 [Zhang et al., 2017b, c]；一种检测立方体空间中异常事件的弱监督方法 [Zhang et al., 2016b, 2017a]。下面我们将简单介绍这些方法的创新点，并总结技术路线。

模块	任务	解决方案
第一部分：**立方体构造**	**分类器生成：** 如何找出每一个维度的分类结构？	TaxoGen（第 3 章）： 使用局部自适应嵌入生成主题分类 HiExpan（第 4 章）： 通过基于嵌入的扩展生成实例分类
	文档分配： 如何将文档分配到多维立方体中？	WeSTClass（第 5 章）： 基于词嵌入和神经自训练的弱监督文本分类 WeSHClass（第 6 章）： 将 WeSTClass 扩展到层次文本分类
第二部分：**立方体开发**	**多维摘要：** 如何对任意立方体块进行文档概述？	RepPhrase（第 7 章）： 基于对比分析挖掘出立方体空间中的代表性词
	跨维度预测： 如何跨不同维度进行预测？	CrossMap（第 8 章）： 半监督多模态嵌入的在线跨维度预测
	异常事件检测： 如何检测出立方体中的异常模式？	TrioVecEvent（第 9 章）： 基于多模态嵌入的弱监督事件检测

图 1.3　立方体构造和开发模块的主要算法概述

1.3.1　任务 1：分类器生成

构造一个文本立方体的首要任务是**分类器生成**。该任务旨在通过从文本中发现分类结构来自动定义立方体每个维度的模式。现有两种分类器：主题级分类器和词语级分类器。对于主题级分类，每个分类单元，即分类器中的一个节点，代表一个由一组具有相关语义的词语构成的主题；对于词语级分类，每个分类单元都是一个具有特定概念的词语。我们将介绍以上两种分类器的生成过程。

对于主题级分类器生成，我们提出了 TaxoGen 方法，该方法以无监督的方式将一组给定概念的词语分配到一个主题类别中。为了生成高质量的分类器，TaxoGen 学习具有高辨识度的局部自适应嵌入，并采用自适应球形聚类过程，该过程在层次聚类过程中将词语分配到适当的类别中。TaxoGen 方法表明了即使是在无监督的情况下，词嵌入也可以用来构建主题分类器。与新的层次主题建模方法相比，

TaxoGen 显著提高了父－子关系的准确性和主题一致性。

对于词语级分类器生成，我们提出了 HiExpan 方法，这是一种基于扩展的分类器构建方法。HiExpan 通过从语料库中自动提取一组关键词，并对一个种子分类器迭代增长来生成概念分类器。具体而言，HiExpan 查看每个分类节点下的所有子节点，形成一个连贯的集合，并通过递归地扩展所有这些集合来构建分类器。此外，HiExpan 还包含了一个弱监督的关系提取组件，以提取新扩展节点的初始子节点，再对分类器的全局结构进行优化。

1.3.2　任务 2：文档分配

在生成分类器之后，第二个任务就是**文档分配**，该任务旨在通过选择每个维度中最合适的标签，将文档分配到最恰当的立方体单元格中。文档分配本质上是一个多维文本分类任务。但是，现有文本分类技术无法得到应用的一个关键问题在于缺少标记训练数据。

我们首先开发了一个名为 WeSTClass 的文本分类方法，该方法只需要弱监督，而不需要大量的标记训练数据。这种弱监督可以是表面标签名称、每个类的少数相关关键词或少量标记文档的形式。WeSTClass 通过以下两个步骤实现弱监督分类：利用弱监督信号和词嵌入为每个类生成伪训练数据，并预训练一个神经分类器；在真实未标记数据中通过自训练来迭代地优化神经分类器。即使没有大量的标记训练数据，WeSTClass 在公共文本分类基准上也能达到超过 85% 的准确度。此外，我们还将 WeSTClass 扩展到层次文本分类上，得到分类方法 WeSHClass，该方法具有层次神经结构和阻断机制。WeSHClass 模拟给定的层次结构，并能够确定文档的适当级别。

1.3.3　任务 3：多维摘要

在立方体开发部分，我们首先研究多维文本分析的一个重要问题：能否对用户任意选择的立方体块中的文本文档进行摘要？该问题的独特性在于，摘要不仅需要考虑查询单元，还需要考虑全局文本立方体，以提取最独特的摘要。我们介绍了一种将文本文档与兄弟立方体单元格中的文档进行对比分析的方法，即 RepPhrase 方法，它将摘要问题转化为找出查询立方体单元格的 top-*k* 个代表性短语。RepPhrase 的有效性依赖于一项新的排名度量，它在多个维度上将查询单元格与其兄弟单元格进行比较，并识别出完整、普遍、独特的 top-*k* 个短语。此外，我们提出了立方体的物化策略，它可以加快代表性短语的离线和在线计算速度。优化策略使RepPhrase在实际的在线查询处理中更具时效性。

1.3.4 任务4：跨维度预测

立方体开发的第二个研究子任务是跨维度预测：能否在已经给定其他维度观测值的基础上预测任意一个维度的值？以图1.2为例，通过单元格〈Los Angeles, *, 2017〉的数据，我们是否能够预测抗议活动通常发生在什么地方，或者晚上8点在UCLA附近通常有什么活动？我们通过多模态嵌入来解决跨维度预测问题。我们提出了CrossMap方法，它将不同维度的元素映射到一个潜在空间中。为了学习高质量的多模态嵌入，CrossMap将从外部知识源（例如Wikipedia、地理索引）获取的信息进行整合，将文本与这些外部知识源中的实体类型信息链接在一起并自动标记链接记录。这样可以得到一个半监督的多模态嵌入框架，该框架利用远程监督来指导嵌入学习过程。通过以时空活动预测为例进行说明，我们发现CrossMap在活动预测方面的性能比现有的潜在变量模型高84%以上。此外，已学到的表示形式能够广泛应用于下游应用，例如活动分类。

1.3.5 任务5：异常事件检测

在立方体开发的第三个子任务中，我们研究了异常事件检测问题：对于任意给定的立方体单元格，能否从给定的文本文档中识别出所有异常事件？我们重点关注检测时空事件，即一个多维空间（topic-location-time）中的异常模式。现有的事件检测方法通常需要大量人工标记的训练数据来学习一组特定事件类型的判别模型。此外，它们没有明确地对不同模态间的相关性进行建模来挖掘多维空间中的异常事件。我们提出了TrioVecEvent方法，该方法结合了两种强大的技术：表示学习和潜在变量模型。表示学习可以很好地对非结构化文本的语义进行编码，而潜在变量模型擅长表达不同因素之间复杂的结构相关性。TrioVecEvent将这两种技术与一个新的新贝叶斯混合模型结合起来，这个新贝叶斯混合模型通过高斯分布生成位置信息，通过von Mishes-Fisher分布生成文本嵌入。贝叶斯混合模型能够将记录聚类到地理相关主题的簇中作为候选事件，然后使用一组简洁的特征来识别真实的时空事件。

1.3.6 小结

我们对技术路线总结如下：

- 提出了一个完整的立方体构造和开发框架，用于将非结构化文本数据转化为多维知识。立方体构造部分将非结构化数据整齐地组织为一个立方体结构，用户可以灵活地执行多维度、多粒度的声明性查询。立方体开发部分提供了能够提取立方体空间中多维知识的算法，以支持任务和决策。
- 提出了立方体开发的弱监督方法，该方法利用大量未标记数据和少量种子信息来构建一个文本立方体。具体而言，我们提出的 TaxoGen 和 HiExpan 方法基于特定任务的嵌入，从文本语料库中生成主题级分类器或词语级分类器。而提出的 WeSTClass 和 WeSHClass 方法使用大量未标记文档进行神经自训练，并且在没有标记训练数据的情况下将文档分配到合适的文本立方体单元格中。
- 提出了立方体开发部分中的多维知识提取方法：提出的 RepPhrase 方法基于立方体上下文中的对比分析对任意查询单元格中的文档提取摘要；提出的 CrossMap 方法通过将外部知识结合到半监督多模态嵌入过程中，对立方体空间进行跨维度预测；提出的 TrioVecEvent 方法通过结合多模态嵌入和潜在变量模型来检测立方体空间中的异常事件。

1.4 本书大纲

本书第 2 ～ 9 章的内容组织如下：第 2 ～ 8 章介绍立方体构造和开发的算法。在第一部分（第 2 ～ 5 章）中，我们介绍立方体构造算法，包括分类生成方法（第 2 和 3 章）和文本分类方法（第 4 和 5 章）。在第二部分（第 6 ～ 8 章）中，我们介绍立方体开发算法，包括多维摘要方法（第 6 章）、跨维度预测方法（第 7 章）和异常事件检测方法（第 8 章）。最后，我们在第 9 章中对给出的几个方向进行总结。

第一部分

立方体构造算法

第 2 章

主题级分类器生成

在本书的第一部分，我们介绍立方体构造的算法。这些算法支持将非结构化文本数据组织为一个多维、多粒度的立方体结构，这样用户就可以轻松地使用声明性查询来探索和检索相关数据。回顾图 1.3，整个语料库被分配到了立方体结构中的一个单元格，从而使用户能够选择与任务相关的数据进行特定分析。立方体的构造过程主要包括两个子任务：分类器生成——如何发现每个维度的分类结构？文档分配——如何在每个维度选择最合适的标签来将所有的文档分配到立方体中？如果在元数据中已经显式地指明了所需维度，那么回答以上两个问题就很容易。然而，当维度在非结构化文本中是隐式的，并且需要进行推理才能得到答案时，这两项任务就变得很重要。在第 2 和 3 章中，我们将介绍基于少量监督的用于分类器生成任务的方法。给定一组与立方体维度有关的概念词语（例如，实体、名词短语），分类器生成旨在将给定词语组织到一个概念层次结构中，以反映这些概念之间的父子关系。如上所述，分类器有两种类型：主题级和词语级。主题级分类器将每个节点定义为一组与主题相关的词；词语级分类器将每个节点定义为代表一个概念的单个词。我们首先在本章介绍 TaxoGen 方法，该方法用来生成主题级分类器；然后在下一章介绍 HiExpan 方法，该方法用来生成词语级分类器。

2.1 概述

在本章中，我们重点讨论主题级分类器生成。与词语级分类器相反，主题分类器中的每个节点都被定义为一组语义一致的概念词语。这样可以获得更简洁的分类器，且每一个节点存在更少的歧义。图 2.1 展示了主题分类器构建的一个具体示例。给定一些计算机科学研究论文，我们构建一个树状层次结构。根节点是一般主题“computer science”，它被进一步细分为子主题，例如“machine learning”和“information retrieval”。对于每个主题节点，我们使用多个语义相关的概念词语对其进行描述。例如，对于“information retrieval”节点，其关联词语不仅包括“information retrieval”的同义词（例如“ir”），还包括 IR 领域的不同方面（例如“text retrieval”和“retrieval effectiveness”）。

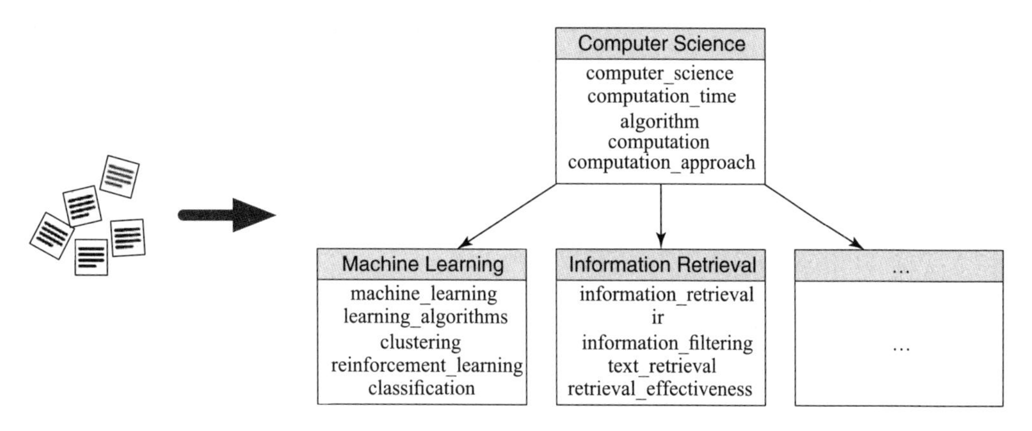

图 2.1 主题分类器生成示意图（给定一个文本语料库和一组概念词语，我们的目的是将这组概念词语组织成一个主题分类器。每个节点是一组语义一致的概念词语，表示一个概念主题）

将一组概念词语自动地组织到一个主题层次结构中并非一项简单的任务。自然语言处理社区中已经有许多用于构建分类器的监督学习方法 [Kozareva and Hovy, 2010；Kumar et al., 2001]。基本上，这些方法都是基于上下位词对的精选训练数据 [Cui et al., 2010；Liu et al., 2012；Shearer and Horrocks, 2009；Yang and Callan, 2009] 或从 NLP 工具中收集的句法上下文信息 [Luu et al., 2014]，来提取词汇特征，并学习一个分类器来将词语对划分为相关的或不相关的两个类别。但是，这些方法都需要大量的训练数据，并且无法应用于没有精选数据的立方体构造中。此外，[Blei et al., 2003a；Downey et al., 2015；Mimno et al., 2007] 中的层次主题模型的目标是以无监督方式生成主题分类器。但是，这些模型依赖于文档 - 主题分布和主题 - 词语分布的强假设，当实际数据不符合假设的分布时，会生成糟糕的主题分类器。此外，这种层次主题模型的学习过程通常很耗时，使其无法扩展到大型文本语料库中。

我们提出了一个构建主题分类器的无监督方法 TaxoGen。该方法基于词嵌入技术的新成果 [Mikolov et al., 2013]，利用分布式表示法对文本语义进行编码。在学习词嵌入的过程中，语义相关（上下文相同）的词语在潜在向量空间中往往会被划分到一起。以图 2.2 为例，在利用 DBLP 标题语料库训练了计算机科学的概念词语的嵌入后，可以看到“computer graphics”和“cryptography”这两个概念相关的词语在嵌入空间中很好地聚在一起。TaxoGen 方法的核心思想是：我们能否利用词嵌入的这种聚类结构以递归的方式建立主题分类器？

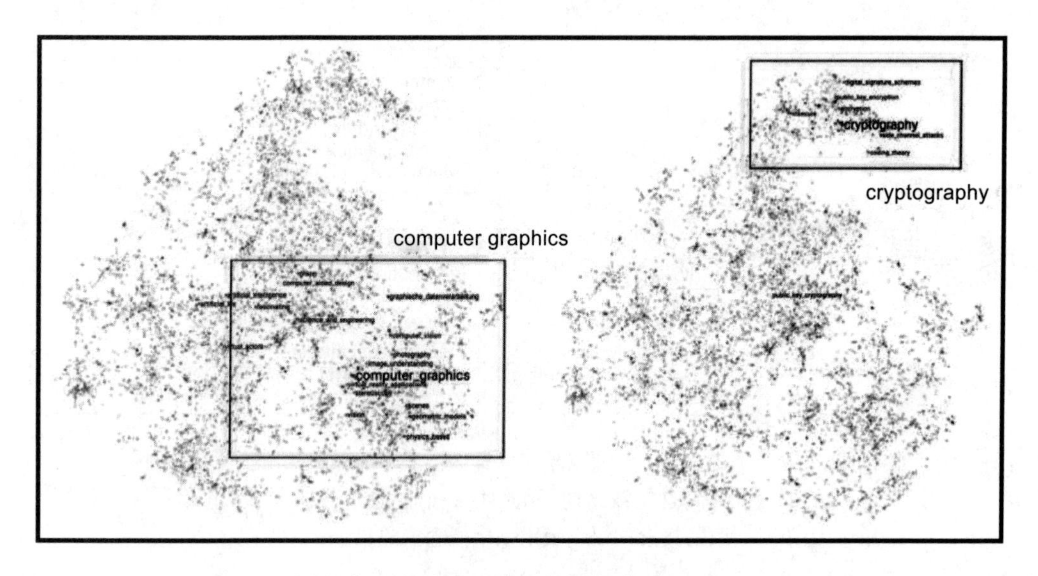

图 2.2　在 DBLP 语料库上训练的词嵌入的可视化（左：“computer graphics”区域中的一组词嵌入。右：“cryptography”区域中的一组词嵌入）

尽管可以直接将词嵌入和层次聚类结合在一起使用，但是对于构建高质量的分类器来说仍然有两个关键问题需要解决。首先，确定不同概念词语的合适粒度级别并非一件简单的事情。当将一个粗粒度的主题节点划分为更细粒度的节点时，并非所有的概念词都能被分配到其子节点中。例如，在如图 2.1 所示对计算机科学主题进行划分时，“cs”和“computer science”这样的一般性词语应该保留在父节点，而不应该分配到子节点的主题中。因此，直接将父节点中的词语进行分组以形成子主题是存在问题的，但是很有必要将不同的词语分配到不同的层次。其次，全局嵌入在较低层次上的判别力有限。词嵌入通常是通过从语料库中收集上下文信息来学习获得的，因此，具有相似上下文的词语往往具有相近的嵌入。但是，随着层次结构的向下移动，基于整个语料库学习的词嵌入在捕获细微语义方面的能力有限。例如，在划分机器学习主题时，我们发现“machine learning”和“reinforcement learning”具有相近的全局嵌入，并且很难找出高质量的机器学习主题的子主题。

TaxoGen 方法包含两个模块以解决上述问题。第一个模块是自适应球形聚类模块，该模块在对一个粗粒度的主题进行划分时将词语分配到合适的层次。利用一个度量不同词语对于每一个子主题的代表性的排序函数，聚类模块迭代地检测出那些应该保留在父主题中的一般性词语，并不断明确所有子主题的聚类边界。第二个模块是局部词嵌入模块，为了增强词嵌入在较低层次上的判别力，TaxoGen 采用了一种现有技术 [Gui et al., 2018]，该技术使用与主题相关的文档来学习每个主题中词语的局部嵌入。局部嵌入能够在更细粒度下捕获词语的语义，并且不受与主题无关的词语的约束。如此一来，即使在分类器的较低层次也能够很好地将不同语义的词语划分开。

我们在两个真实的数据集上进行了大量实验。实验的定性结果表明 TaxoGen 可以生成高质量的主题分类器，并且基于用户研究的定量分析结果表明 TaxoGen 的性能明显优于基线方法。

2.2　相关工作

在本节中，我们介绍现有的一些主题级分类器生成的方法：监督方法；基于模式的方法；基于聚类的方法。

2.2.1　监督分类器学习

许多现有的分类器构建方法都依赖于监督学习范式 [Kozareva and Hovy, 2010；Kumar et al., 2001]。基本上，这些方法都是基于上下位词对的精选训练数据 [Cui et al., 2010；Liu et al., 2012；Shearer and Horrocks, 2009；Yang and Callan, 2009] 或从 NLP 工具中收集句法上下文信息 [Luu et al.，2014]，来提取词汇特征并学习一个分类器，以将词对划分为相关的或不相关的。近年的关于这类范式的技术 [Anke et al., 2016；Fu et al., 2014；Luu et al., 2016；Weeds et al., 2014；Yu et al., 2015] 利用了预训练的词嵌入，然后使用精选的上位关系数据集来学习一个关系分类器。但是，所有这些方法的训练数据都只能提取上下位关系，而不能轻易地用来构建一个主题分类器。此外，对于大量特定领域的文本数据，几乎不可能从专家那里获取到丰富的监督信息。因此，我们将重点放在无监督分类器构建的技术发展上。

2.2.2　基于模式的提取

目前已有大量的基于模式的方法来构建上下位分类器，其中树状结构中的每一个节点表示一个实体，每一个父 - 子对表示“is-a”关系。通常，这些方法首先使用预定义的词法模式从语料库中提取上下位词对，然后将这些词对组织到树状结构分类器中。开创性研究提出了诸如“NP 例如 NP、NP 和 NP”的 Hearst 模式，可以自动地从文本数据中获取下位关系 [Hearst, 1992]。还有更多类型的词汇模式被人为设计出来用于从网络语料库 [Panchenko et al., 2016； Seitner et al., 2016] 或 Wikipedia[Grefenstette, 2015； Ponzetto and Strube, 2007] 中提取关系。随着 Snowball 框架的发展，研究人员能够教机器如何使用统计方法在大量文本语料库中传播知识 [Agichtein and Gravano, 2000； Zhu et al., 2009]。Carlson 等在 2010 年提出了一种永无止境的语言学习（Never-Ending Language Learning, NELL）的学习结构 [Carlson et al., 2010]。PATTY 利用解析结构根据语义类型来推导关系模式，并将这些模式组织为一个分类器 [Nakashole et al., 2012]。MetaPAD[Jiang et al., 2017] 使用情景感知的短语分割来生成高质量的模式，并将同义模式组织起来形成一个大型事实集合。基于模式的方法已经被证明在基于手工规则或已生成模式来挖掘特定关系方面是有效的。但是，这些方法仍然不适用于构建主题分类器，其有两个原因：首先，与上下位关系的分类器不同，主题分类器中每一个节点是一组代表某个概念主题的词语；其次，由于父 - 子关系在自然语言中的表达方式具有较大差异，所以基于模式的方法往往具有较低的召回率。

2.2.3　基于聚类的分类器构建

目前已经存在从文本语料库中构建分类器的聚类方法 [Bansal et al., 2014； Davies and Bouldin, 1979； Fu et al., 2014； Luu et al., 2016； Wang et al., 2013a, b]。这些方法与我们构建主题分类器的问题更贴近。通常，聚类方法首先学习单词或词语的表示，然后基于这些表示的相似度 [Bansal et al., 2014] 和簇的离散度 [Davies and Bouldin, 1979] 将其组织成一个结构。Fu 等通过单词与上位词之间的基于词嵌入的语义预测来确定一个候选词对是否具有上下位关系（“is-a”）[Fu et al., 2014]。Luu 等提出使用动态加权神经网络，通过学习词嵌入来识别分类关系 [Luu et al., 2016]。TaxoGen 中的*局部词嵌入*（local term embedding）与现有的方法完全不同。首先，我们不需要标记的上下位词对作为学习语义预测或动态加权神经网络的监督。其次，我们在学习每个主题的局部词嵌入时只需要使用与主题相关的文档。局部嵌入捕获更细粒度的词语语义，这样可以根据细微的语义差别更好地划分词语。

在词语组织方面，Ciniano 等使用比较的方法为分类器学习执行概念的、区分的和聚合的聚类 [Cimiano et al., 2004]。Yang 和 Callan [2009] 还使用一个本体度量（表示语义距离的评分）来推导分类。Liu 等 [2012] 使用贝叶斯玫瑰树将一组给定的关键词分层聚类为一个分类器。Wang 等 [2013a, b] 采用了一种递归方式，通过领域关键短语的聚类来构造主题层次结构。同样地，还有许多层次主题模型用于词语组织 [Blei et al., 2003a ; Downey et al., 2015 ; Mimno et al., 2007]。我们在 TaxoGen 方法中开发了一个*自适应球形聚类*（adaptive spherical clustering）模块，用于在对一个粗粒度的主题进行细化时将词语分配到合适的层次。自适应球形聚类模块能够更好地将属于同一个主题的词语聚集在一起，并且使得不同的子主题之间的距离较大（类似于词聚类）。

2.3　准备工作

2.3.1　问题定义

一个主题分类器构建的输入包括两个部分：文档语料库 $\mathcal{D}$ ；与一个维度相关的概念词语集合 $\mathcal{T}$，该集合中的词语都是从 $\mathcal{D}$ 中提取出的关键词，代表用于分类器构建的感兴趣词语。词语集合可以由最终用户指定，也可以从语料库中提取。例如，这些词语可以是从 $\mathcal{D}$ 中提取的与感兴趣维度有关的所有命名实体。

给定语料库 $\mathcal{D}$ 和词语集 $\mathcal{T}$，我们的目标是构建一个树状层次结构 $\mathcal{H}$。每个节点 $C \in \mathcal{H}$ 表示一个概念主题，由一组语义一致的词语 $\mathcal{T}_C \in \mathcal{T}$ 来描述。假设一个节点 C 具有一组子节点 $\mathcal{S}_C=\{S_1, S_2, \cdots, S_N\}$，其中每一个 S_n（$1 \leqslant n \leqslant N$）为节点 C 的一个子主题，并且与其在 $\mathcal{S}_C$ 中的兄弟节点具有相同的语义粒度。每一个父 - 子对 $\langle C, S_n \rangle$ 表示语义上的包含关系，即与子主题 S_n 语义相关的所有词语都与父主题 C 相关。

2.3.2　方法概述

简而言之，TaxoGen 方法将所有概念词语嵌入一个潜在空间以捕获其语义，并使用词嵌入递归地构建分类器。如图 2.3 所示，在顶层，我们以 $\mathcal{T}$ 中所有词语来对根节点进行初始化，该根节点表示给定语料库 $\mathcal{D}$ 的最一般主题。从根节点开始，我们通过自顶向下的球形聚类逐层生成子主题，直到达到一个最大层 $L_{\max}$。

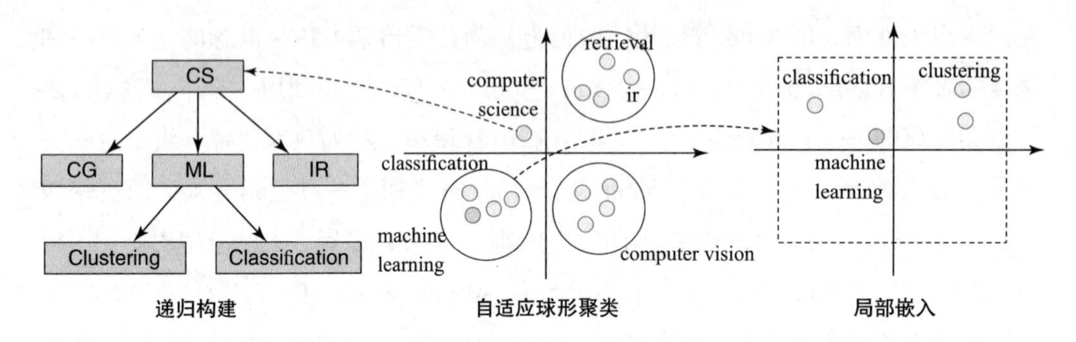

图 2.3　TaxoGen 方法的概述（该方法使用词嵌入以自顶向下的方式构建分类器，通过两个新的组件来确保递归过程的质量：自适应聚类模块，将词语分配到适当的主题节点；局部嵌入模块，用于学习与主题相关的文档的词嵌入（由 Gui 等 [2018] 提供））

给定一个主题 C，我们使用球形聚类将其划分为一组更细粒度的主题 $\mathcal{S}_C=\{S_1, S_2, \cdots, S_N\}$。如上所述，在递归构造过程中有两个问题需要解决：当对一个主题 C 进行划分时，不能直接将 C 中的词语划分到子主题中，因为一般性词语应该保留在主题 C 中，而不应该分配到任意一个子主题中；当自动向下移动到更低一层时，从语料库中获取的全局词嵌入不适合用来捕获更细微的词语语义。接下来，我们将介绍 TaxoGen 方法中的自适应聚类和局部嵌入模块来解决以上两个问题。

2.4　自适应词聚类

TaxoGen 中的自适应聚类模块旨在将粗粒度的主题 C 进行更细粒度的划分。该模块基于球形 K-means 算法 [Dhillon and Modha, 2001]，K-means 算法将一组给定的词嵌入聚类为 K 个簇，同一个簇中的词语具有相似的嵌入方向。我们选择球形 K-means 算法是基于余弦相似度 [Mikolov et al., 2013] 在量化词嵌入之间相似度的有效性。一个主题的中心方向表示单位球面上的语义焦点，该主题的词语落在中心方向周围表示了一个连贯的语义。

2.4.1　划分主题的球形聚类

给定一个粗粒度的主题 C，生成其子主题的一个简单的方法就是直接使用球形 K-means 方法，将 C 中的词语聚类为 K 个簇以形成其子主题。然而，这种简单的策略是有问题的，因为并非 C 中的所有词语都应该直接划分到子主题中。例如，在

图 2.3 中，当对计算机科学的根主题进行划分时，“ computer science ”和“ cs ”这样的一般性词语不属于任意特定子主题，应该保留在父主题中。此外，这类一般性词语也使得聚类过程存在困难。因此，一般性词语在语料库的不同语境中都可能出现。这些词语的嵌入往往落在不同子主题的边界上。因此，子主题的聚类结构变得模糊，从而更难发现边界清晰的子主题。

基于以上原因，我们在 TaxoGen 方法中提出了一个自适应聚类模块。如图 2.3 所示，其核心思想是迭代地识别一般性词语，并将其推送到父节点中，再细化子主题。识别一般性词语和细化子主题是两个相互促进的操作：在聚类过程中排除一般性词语可以使子主题的边界更加清晰，而细化的子主题边界能够检测出其他一般性词语。

算法 2.1　划分主题的自适应聚类

输入：父主题 C；子主题数量 K；词项的代表性阈值 δ。
输出：C 的 K 个子主题。

```
1: C_sub ← C
2: while True do
3:    S_1, S_2, ···, S_K ← SPHERICAL-KMEANS(C_sub, K)
4:    for k  from 1 to K do
5:       for t ∈ S_k do
6:          r(t, S_k) ← representativeness of term t for S_k
7:          if r(t, S_k) < δ then
8:             S_k ← S_k − {t}
9:          end if
10:      end for
11:   end for
12:   C'_sub ← S_1 ∪ S_2 ∪ ··· ∪ S_K
13:   if C'_sub = C_sub then
14:      Break
15:   end if
16:   C_sub ← C'_sub
17: end while
18: Return S_1, S_2, ···, S_K
```

算法 2.1 展示了自适应球形聚类的过程。如算法 2.1 所示，给定一个父主题 C，首先将 C 的所有词语放到子主题词集 C_{sub} 中。然后迭代地识别一般性词语，并细化子主题。在每次迭代中，计算一个词语 t 对于子主题 S_k 的代表性评分，如果 t 的代表性评分小于阈值 δ，则将其排除。在将一般性词语推送到父主题之后，重新得到一个子主题词集 C_{sub}，并准备开始执行下一次球形聚类操作。当不能再检测出一般性词语时，迭代过程终止，最后返回子主题集 $S_1, S_2, \cdots, S_k$。

2.4.2　识别代表性词语

在算法 2.1 中，一个关键的问题是如何计算一个词语 t 对于子主题 S_k 的代表性。虽然该算法尝试通过嵌入空间中 t 与 S_k 的中心的紧密度来衡量 t 的代表性，但是我们发现这样的策略并不可靠：一般性词语也可能落在靠近 S_k 的簇中心位置，这降低了基于嵌入的检测器的准确性。

对于上述问题，我们的想法是 S_k 的一个代表性词语应该频繁出现在 S_k 而非 S_k 的兄弟主题中。因此，我们使用属于 S_k 的文档来度量词语的代表性。基于词语的聚类隶属关系，我们首先使用 TF-IDF 模式来获取属于每一个主题 S_k 的文档集。通过与 S_k 相关的文档，我们考虑以下两个因素来计算一个词语 t 对于主题 S_k 的代表性。

- **普遍性**（popularity）：S_k 的代表性词语应该频繁地出现在 S_k 的文档中。
- **集中性**（concentration）：S_k 的代表性词语与 S_k 的相关度应该高于与 S_k 的兄弟主题的相关度。

结合以上两个因素，我们发现一个代表性词语应该同时满足这两个条件，即代表性词语对于 S_k 而言应该同时具有普遍性和集中性。因此，我们定义词语 t 对于主题 S_k 的代表性如下：

$$r(t,\ S_k)=\sqrt{\mathrm{pop}(t,\ S_k)\cdot \mathrm{con}(t,\ S_k)} \tag{2.1}$$

其中，$\mathrm{pop}(t, S_k)$ 和 $\mathrm{con}(t, S_k)$ 分别表示 t 对于 S_k 的普遍性和集中性评分。令 $\mathcal{D}_k$ 表示属于 S_k 的文档集，我们定义 $\mathrm{pop}(t, S_k)$ 为文档集 $\mathcal{D}_k$ 中词语 t 的归一化频率：

$$\mathrm{pop}(t,\ S_k)=\frac{\log(\mathrm{tf}\ (t, \mathcal{D}_k)+1)}{\log \mathrm{tf}(\mathcal{D}_k)}$$

其中，$\mathrm{tf}(t, \mathcal{D}_k)$ 是词语 t 在 $\mathcal{D}_k$ 中出现的次数，$\mathrm{tf}(\mathcal{D}_k)$ 是 $\mathcal{D}_k$ 中词语的总数。

为了计算集中性得分，我们首先将 $\mathcal{D}_k$ 中的所有文档连接起来形成子主题的一个伪文档集 D_k。然后基于词语 t 对于伪文档集 D_k 的相关度来定义词语 t 对于子主题 S_k 的集中性：

$$\mathrm{con}(t, S_k)=\frac{\exp\ (\mathrm{rel}(t, D_k))}{1+\sum\limits_{1\leqslant j\leqslant K}\exp(\mathrm{rel}(t, D_j))}$$

其中，$\mathrm{rel}(t, D_k)$ 是词语 t 对于伪文档 D_k 的 BM25 相关度。

示例 2.1　图 2.3 展示了自适应聚类过程将计算机科学主题划分为三个子主题：computer graphics（CG）、machine learning（ML）和 information retrieval（IR）。

给定一个子主题（例如 ML），该子主题簇中的普遍的和集中的词语（例如"clustering""classification"）具有较高的代表性评分。相反，不代表任意主题的词语（例如"computer science"）则被视为一般性词语，并被推送回父主题中。

2.5　自适应词嵌入

2.5.1　分布式词语表示

TaxoGen 的递归分类器构建过程依赖于词嵌入，它通过学习固定长度的词向量表示来对词语的语义进行编码。我们使用 Skip-Gram 模型 [Mikolov et al., 2013] 来学习词嵌入。给定一个语料库，Skip-Gram 对一个滑动窗口中的词语和其上下文词语之间的关系进行建模，因此具有相似上下文的词语在潜在空间中也具有相近的嵌入。最终的嵌入能够很好地捕获不同词语的语义，且已被证明对于不同的 NLP 任务都是有用的。

形式上，给定一个语料库 $\mathcal{D}$，对于任意词语 t，我们考虑一个以 t 为中心的滑动窗口，并用 W_t 表示出现在上下文窗口中的词语。然后我们将观测的上下文词语的对数概率定义为

$$\log p(W_t|t)=\sum_{w\in W_t}\log p(w|t)=\sum_{w\in W_t}\log\frac{\boldsymbol{v}_t\boldsymbol{v}'_w}{\sum_{w'\in V}\boldsymbol{v}_t\boldsymbol{v}'_{w'}}$$

其中，$\boldsymbol{v}_t$ 是词语 t 的嵌入，$\boldsymbol{v}'_w$ 是词语 w 的上下文嵌入，V 是语料库 $\mathcal{D}$ 的词汇表。Skip-Gram 的总体目标函数定义在 $\mathcal{D}$ 中的所有词语上，即

$$L=\sum_{t\in\mathcal{D}}\sum_{w\in W_t}\log p(w|t)$$

可以通过随机梯度下降和负采样来最大化目标以学习词嵌入 [Mikolov et al., 2013]。

2.5.2　学习局部词嵌入

然而，当我们将从整个语料库 $\mathcal{D}$ 中训练得到的词嵌入用于分类器构建时，存在的一个问题是这些全局嵌入在较低层次上具有的判别力是有限的。考虑图 2.3 中的词语"reinforcement learning"。在整个语料库 $\mathcal{D}$ 中，"reinforcement learning"与"machine learning"具有许多相似的上下文，因此在潜在空间中这两个词语具有相近的嵌入。其与"machine learning"的接近性使得我们在对根主题进行划分时，成

功地将“reinforcement learning”分配到了机器学习主题中。然而，随着我们向下划分机器学习主题，“reinforcement learning”的嵌入与其他机器学习的词语混在一起，导致很难发现机器学习的子主题。

如 Gui 等 [2018] 所介绍的，局部嵌入能够在更细粒度上捕获词语的语义信息。因此，我们利用局部嵌入来增强词嵌入在分类器低层次上的判别力。我们在这里介绍如何使用局部嵌入来获取分类器构建任务的判别嵌入。对于任意非根主题 C，我们将学习局部词嵌入来对其进行划分。具体而言，我们首先从 $\mathcal{D}$ 中创建一个与主题 C 相关的子语料库 $\mathcal{D}_C$。为了获取子语料库 $\mathcal{D}_C$，我们采用以下两个策略：基于聚类，即利用 TF-IDF 权重汇总每一个文档 $d \in \mathcal{D}$ 的词语集来获取文档，被聚类到主题 C 中的文档形成子语料库 $\mathcal{D}_C$；基于检索，即通过文档 d 中词嵌入的 TF-IDF 加权平均数来计算该文档的嵌入，基于已获得的文档嵌入，使用主题 C 的平均方向作为查询向量来检索 top-M 最接近的文档，并形成子语料库 $\mathcal{D}_C$。在实践中，我们主要使用第一种策略来获取子语料库 $\mathcal{D}_C$，当 $\mathcal{D}_C$ 的规模不够大的时候，也会使用第二个策略作为补充。在得到子语料库 $\mathcal{D}_C$ 之后，我们使用 Skip-Gram 模型来获取词嵌入，以此来划分主题 C。

示例 2.2 以图 2.3 为例，在划分机器学习主题时，我们首先获取一个与机器学习相关的子语料库 $\mathcal{D}_{\text{ml}}$。在 $\mathcal{D}_{\text{ml}}$ 中，反映机器学习主题的一般性词语，例如“machine learning”和“ml”，在大量的文档中都出现了。这些词语类似于停用词，可以轻易地将其与特定语义的词语分开。同时，对于那些反映了不同机器学习子主题的词语，例如“classification”和“clustering”，在局部嵌入空间中也能够很好地将其分开。由于训练局部嵌入是为了保留与主题相关的文档的语义信息，因此，不同的词语在嵌入空间中具有更大的自由度以反映更细微的语义差异。

2.6 实验评估

在本节中，我们对 TaxoGen 方法的实验性能进行评估。

2.6.1 实验设计

数据集

我们在实验[㊀]中使用了两个真实的语料库。

㊀ 代码和数据可以从 https://github.com/franticnerd/taxogen/ 获取。

1. DBLP 包含来自信息检索、计算机视觉、机器人技术、安全和网络以及机器学习领域的大约 1 889 656 个计算机科学论文的标题。我们使用现有的 NP 解析器从这些论文标题中提取所有名词短语，并删除不常见的短语，以此来形成词语集合，该集合包含了 13 345 个不同的词语。

2. SP 包含来自信号处理领域的 94 476 篇论文的摘要。同样地，我们从这些摘要中提取所有名词短语以形成词语集合，该集合包含了 6982 个不同的词语。

比较方法

我们将 TaxoGen 与下列无监督主题分类器生成方法进行比较。

1. HLDA（Hierarchical Latent Dirichlet Allocation，层次潜在狄利克雷分配）[Blei et al., 2003a] 是一种非参数层次主题模型。该模型将生成一个文档的概率建模为选择一条从根节点到叶子节点的路径，并沿着该路径对单词进行采样。我们将 HLDA 中的每个主题视为一个主题，利用 HLDA 来构建主题级的分类器。

2. HPAM（Hierarchical Pachinko Allocation Model，层次 Pachinko 分配模型）是一种新的层次主题模型 [Mimno et al., 2007]。与使用递归方式生成分类器的 TaxoGen 方法不同，HPAM 将所有文档作为输入，并根据 Pachinko 分配模型在不同层次输出预定义数量的主题。

3. HClus（Hierarchical Clustering，层次聚类）使用层次聚类来构建分类器。我们首先使用 Skip-Gram 模型在整个语料库上学习词嵌入，然后使用球形 K-means 算法以自顶向下的方式对这些嵌入进行聚类。

4. NoAC 是 TaxoGen 方法的一个变体，该方法不包含自适应聚类模块。换言之，当对一个粗粒度的主题进行细化时，该方法只是简单地使用层次聚类将父主题词语划到子主题中。

5. NoLE 是 TaxoGen 方法的一个变体，该方法不包含局部嵌入模块。在递归构建过程中，该方法将从整个语料库学到的全局嵌入应用于整个构建过程中。

参数设置

我们使用上述方法在语料库 DBLP 上生成一个四层分类器，在语料库 SP 上生成一个三层分类器。TaxoGen 方法中有两个关键参数：将一个粗粒度主题划分为多个子主题的数量 K 和用于识别一般性词语的代表性阈值 δ。我们设置参数 $K=5$，这是因为我们发现当 K 取值为 5 时，能够很好地匹配 DBLP 和 SP 这两个数据集内部的分类结构。对于参数 δ，在 DBLP 数据集上设置为 0.25，在 SP 数据集上设置为 0.15，这是因为我们发现这样的设置可以可靠地检测出构建过程中不同层次上属于父主题的一般性词语。

HLDA 方法中有三个超参数：整体分布的平滑参数 α；中餐厅流程（Chinese Restaurant Process）的平滑参数 γ；主题－单词分布的平滑参数 η。我们设置 α=0.1，γ=1.0，η=1.0。基于此设置，HLDA 在这两个数据集上生成了与 TaxoGen 方法生成的数量相当的主题。HPAM 方法需要为父主题和子主题设置混合优先级。我们发现将数据集 DBLP 和 SP 上的优先级参数值设置为 1.5 和 1.0 是最好的。其余三种方法（HClus、NoAC 和 NoLE）的参数都是 TaxoGen 方法的参数的子集，我们将其设为与 TaxoGen 方法的参数相同的值。

2.6.2 定性结果

在本节中，我们介绍在 DBLP 数据集上使用不同方法生成主题分类器的过程。我们使用每一种方法在 DBLP 数据集上生成一个四层分类器，并且默认每一个父主题细化为五个子主题（除了 HLDA 方法，该方法根据中餐厅流程自动确定子主题的数量）。

图 2.4 展示了 TaxoGen 方法生成分类器的部分过程。如图 2.4a 所示，给定 DBLP 语料库，TaxoGen 将根主题划分为五个子主题："intelligent_agents""object_recognition""learning_algorithms""cryptographic"和"information_retrieval"。这些主题的标签是通过选择最能代表主题的词语自动生成的（式（2.1））。我们发现这些生成的标签质量很高，并且能够准确地概括 DBLP 语料库所涵盖的主要研究领域。这五个标签中唯一的缺陷在于"object_recognition"，这个标签对于计算机视觉领域来说太具体了。这可能是因为"object_recognition"一词在计算机视觉论文的标题中太流行了，从而导致球形簇的中心指向本身。

图 2.4a 和图 2.4b 展示了 TaxoGen 方法进一步划分第二层主题"information_retrieval"和"learning_algorithms"的过程。以"information_retrieval"为例：在第三层，TaxoGen 方法成功地找出了信息检索的主要领域（retrieval_effectiveness、interlingual、web_search、rdf 和 text_mining）；在第四层，TaxoGen 方法进一步划分了网络搜索主题（link_structure、social_tagging、user_interests、blogs 和 click-through_data）。类似地，对于机器学习主题（图 2.4b），TaxoGen 找出了第三层的主题（如"neural_network"）和第四层主题（如"recurrent_neural_network"）。此外，每个主题的热门词语质量都很高——这些词语语义一致，且涵盖了相同主题的不同方面和表达。

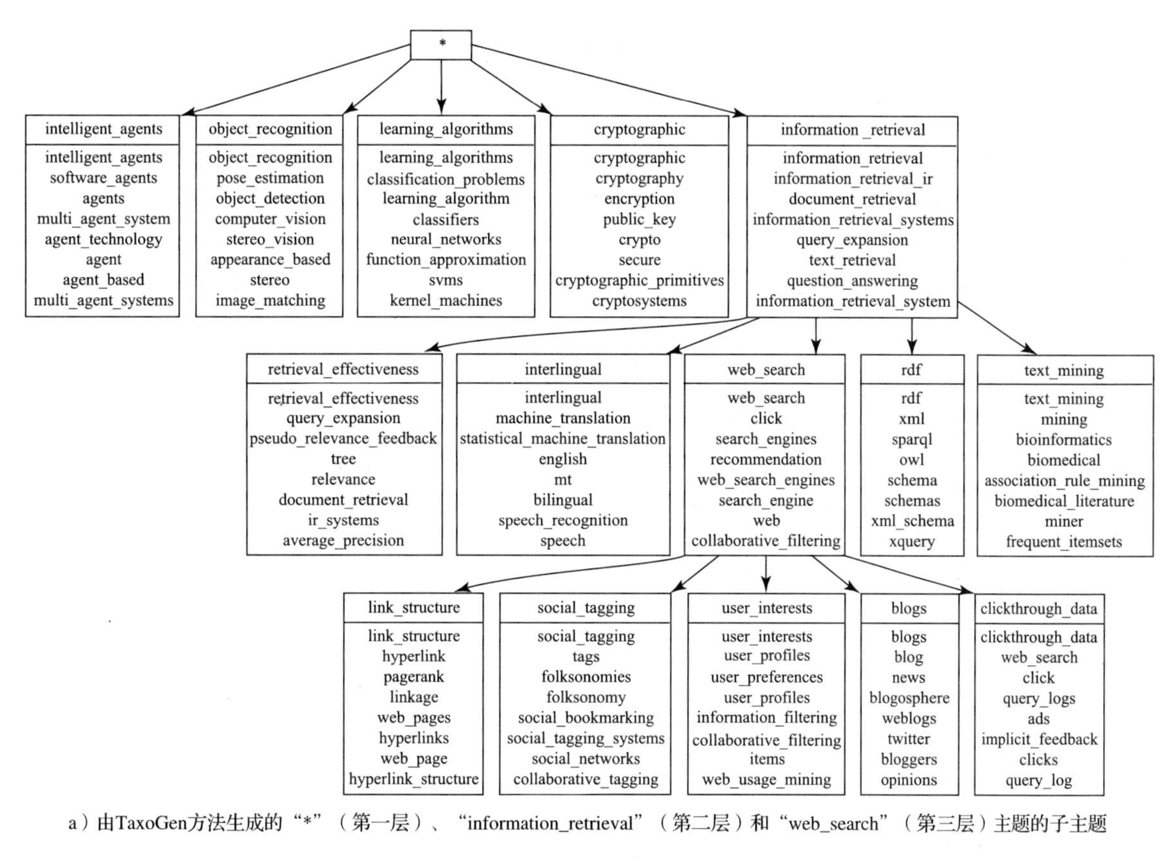

a）由TaxoGen方法生成的“*”（第一层）、“information_retrieval”（第二层）和“web_search”（第三层）主题的子主题

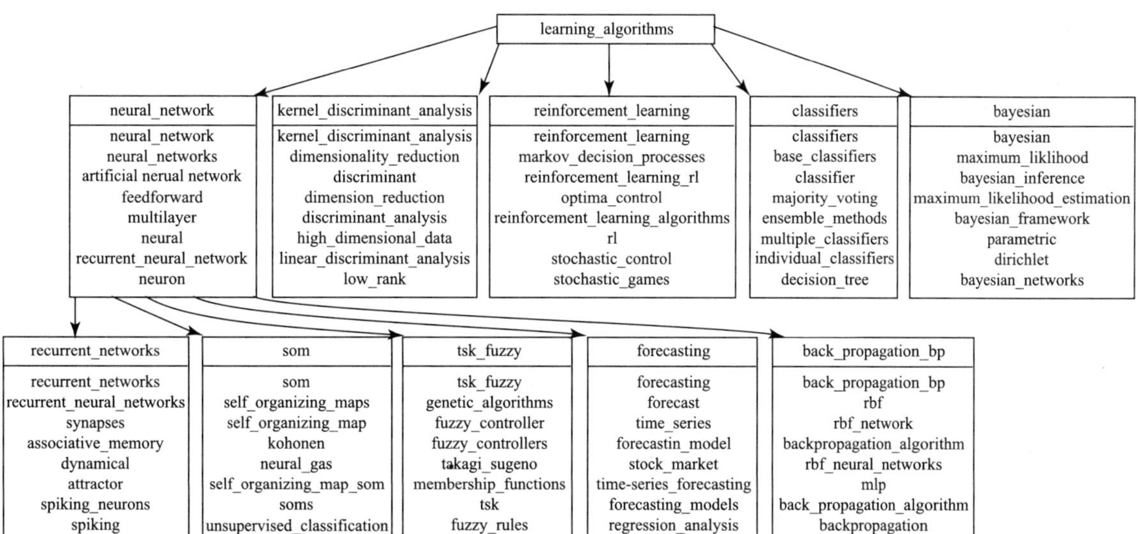

b）由TaxoGen方法生成的“learning_algorithms”（第二层）和“neural_network”（第三层）主题的子主题

图 2.4 TaxoGen 在 DBLP 数据集上生成分类器的部分过程（对于每个主题，我们给出了相应的标签，以及由 TaxoGen 的排序函数生成的 top-8 代表性词语。所有这些标签和词语都由 TaxoGen 自动返回，无须手动选择或过滤）

我们还将 TaxoGen 方法和其他基线方法的分类器生成进行了对比，从定性角度来看，TaxoGen 方法生成的分类器更好。由于篇幅有限，我们只介绍 NoAC 和 NoLE 这两种方法生成分类器的一部分来说明 TaxoGen 的有效性。如图 2.5a 所示，NoLE 也可以为父主题找出一些合理的子主题（例如，“web_search”主题下的“blogs”和“recommender_system”两个子主题），但是这种方法的主要缺点是这样生成的子主题中的相当一部分都是假阳性的。具体而言，许多父－子对（“web_search”和“web_search”，“neural_networks”和“neural_networks”）实际上代表的是相同的主题而非上下位关系。其背后的原因是，NoLE 在所有层上都使用全局词嵌入，因此不同语义粒度的词语具有相近的嵌入，导致其在低层上无法再细分。NoAC 也存在同样的问题，但是原因不同：NoAC 没有使用自适应聚类方法来将属于父主题的词语保留下来。因此，在较低层上，不同粒度的词语都被纳入聚类过程中，使得与 TaxoGen 方法相比，其聚类边界不够清晰。这样的定性结果清楚地表明了 TaxoGen 方法相对于基线方法的优势，这正是导致不同方法在定量评估中存在性能差距的关键因素。

blogs	news_articles	web_search	web_documents	recommendation
blogs	news_articles	web_search	web_documents	recommendation
blog	sentiment	search_engine	web_document	collaborative-filtering
social_media	opinion	search_engines	world_wide_web	recommender_system
blogosphere	newspaper	web_search_engines	web_content	recommender_systems
weblogs	email	web_search_engine	www	recommender
twitter	opinion_mining	search_results	web_contents	recommendation_system
bloggers	summarizing	click	web_mining	recommendation_systems
news	genres	google	web_directories	recommendations

a）由NoLE生成的主题“web_search”（第三层）的子主题

bit_parity_problem	genetic_algorithm	neurons	neural_networks	artificial_neural_network
bit_parity_problem	genetic_algorithm	neurons	neural_networks	artificial_neural_network
hopfield_neural_network	genetic_algorithms	neuronal	nn	forecasting
single_layer	genetic	neural	nonlinear	forecast
hopfield	ant_colony_optimization	synaptic	ann	neuro_fuzzy
neat	evolutionary	neuron	cascade	ann
symbolic_regression	particle_swarm_optimization	spiking_neurons	self_organizing_maps	anfis
hnn	simulated_annealing	synapses	topologies	adaptive_control
lstm	evolutionary_algorithm	spiking	nonlinear_systems	multivariable

b）由NoLE生成的主题“neural_networks”（第三层）的子主题

artificial_neural_network_ann	back_propagation	takagi_sugeno	spiking_neurons	learning_vector_quantization
artificial_neural_network_ann	back_propagation	takagi_sugeno	spiking_neurons	learning_vector_quantization
artificial_neural_network_ann	backpropagation_algorithm	fuzzy_inference_systems	spiking	learning-vector_quantization_lvq
artificial_neural_network	back_propagation_algorithm	tsk	spiking_neuron	lvq
ann	multilayer_perceptron	fuzzy_rule_base	neurons	competitive_learning
back_propagation_network	gradient_descent	fuzzy_controllers	spiking_neural_networks	kohonen
mfnn	rtrl	fuzzy_inference	biologically_realistic	artificial_immune_system
backpropagation_neural_network	scaled_conjugate_gradient	fuzzy_neural	neuronal	unsupervised_classification
anns	backpropagation_bp	fuzzy_rules	biologically_plausible	self-organizing_maps_soms

c）由NoAC生成的主题“neural_networks”（第三层）的子主题

图 2.5　NoLE 和 NoAC 在 DBLP 数据集上生成的示例主题（图中给出了每个主题的标签和 top-8 代表性词语）

表2.1进一步比较了用于相似性搜索任务的全局词嵌入和局部词嵌入。如表所示，对于给定的两个查询，使用全局嵌入（即在整个语料库上训练得到）检索到的top-5词语都与查询相关，但是这些词在更细粒度上具有不同的语义。例如，对于查询“information_extraction”，top-5相似词语涵盖了NLP的不同领域和语义粒度，如“text_mining”“named_entity_recognition”和“natural_language_processing”。相反，对于给定查询，使用局部嵌入检索到的词语更一致且语义粒度相同。

表2.1 在DBLP数据集上进行的相似性搜索：Q1=“pose_estimation”；Q2=“information_extraction”（对于这两个查询，我们分别基于全局嵌入和局部嵌入使用余弦相似度来检索词汇表中的top-5词语。“pose_estimation”的局部嵌入结果从子主题“object_recognition”中获取，“information_extraction”的局部嵌入结果从子主题“learning_algorithms”中获取）

查询	全局嵌入	局部嵌入
Q1	pose_estimation single_camera monocular d_reconstruction visual_servoing	pose_estimation camera_pose_estimation dof dof_pose_estimation uncalibrated
Q2	information_extraction information_extraction_ie text_mining named_entity_recognition natural_language_processing	information_extraction information_extraction_ie ie extracting_information_from question_answering_qa

2.6.3 定量分析

在本节中，我们对用不同方法构建的主题分类器的质量进行定量评估。对分类器进行评估是一项具有挑战性的任务，这是因为不仅我们使用的数据集没有一个真实的分类器作为参照，而且分类器的质量需要从不同方面进行评估。我们在研究中从以下几个方面对主题级分类器进行评估：

- **关系准确性**用来度量一个给定分类器中真正的父–子关系的比例。
- **词语一致性**用来量化排名靠前的词语对于一个主题的语义一致性。
- **聚类质量**检查一个主题与其兄弟主题在语义空间中是否能够很好地划分为高质量的聚类结构。

下面我们举例说明上述三个方面的评估。首先，对于关系准确性度量，我们使用一个分类器中的所有父–子对，并执行用户研究对其进行判断。具体而言，我们招募了十位计算机科学领域的博士和博士后研究员作为评估人员。对于每个父–子对，我们向至少三个评估人员提供父主题和子主题（以 top-5 代表性词语的形式），让这些评估人员来判断这些给定的父 - 子对是否具有有效的父 - 子关系。在得到评估结果之后，我们简单地使用多数投票的方式对其进行标记，并计算判断为真的比率。其次，为了度量词语一致性，我们进行了一个词语入侵用户研究。给定一个主题的 top-5 词语，并向其中加入从一个兄弟主题中随机选择的一个伪词语。然后将这六个词语提供给评估人员，让其判断哪一个为入侵词语。直观地，排名靠前的词语的一致性越高，评估人员越容易判断出哪一个是入侵的词语，因此，我们将正确实例的比例作为词语一致性的评分。最后，为了量化聚类质量，我们使用 Davies-Bouldin（DB）指数度量：对于任意簇 C，我们首先计算 C 与其他簇之间的相似度，并取最大值作为 C 的簇相似度，然后计算所有簇的相似度的平均值得到 DB 指数 [Davies and Bouldin, 1979]。DB 指数越小，聚类结果越好。

表 2.2 展示了不同方法的关系准确性和词语一致性。如表所示，TaxoGen 方法在这两个度量上表现最好。TaxoGen 的性能明显优于主题建模方法和其他基于嵌入的基线方法。通过比较 TaxoGen、NoAC 和 NoLE 的性能，我们可以看到自适应聚类和局部嵌入模块在提高结果分类器的质量上起着重要作用：自适应聚类模块可以正确地将背景词语推回父主题，而局部嵌入策略可以在较低层更好地捕获词语之间细微的语义差异。对于这两个度量，主题建模方法（HLDA 和 HPAM）的性能明显低于基于嵌入的方法，尤其是在短文档数据集 DBLP 上。这有两方面的原因：首先，HLDA 和 HPAM 对文档 - 主题分布和主题 - 词语分布作了更强的假设，这与实验数据不匹配；其次，主题建模方法的代表性词语选择仅基于已经学习到的多模态分布，而基于嵌入的方法执行差异性分析来选择更具有代表性的词语。

表 2.2　不同方法在 DBLP 和 SP 数据集上的关系准确性和词语一致性

	关系	准确性	词语	一致性
方法	DBLP	SP	DBLP	SP
HPAM	0.109	0.160	0.173	0.163
HLDA	0.272	0.383	0.442	0.265
HClus	0.436	0.240	0.467	0.571
NoAC	0.563	0.208	0.35	0.428
NoLE	0.645	0.240	0.704	0.510
TaxoGen	**0.775**	**0.520**	**0.728**	**0.592**

图 2.6 展示了所有基于嵌入的方法的 DB 指数。在这四种方法中，TaxoGen 方

法的 DB 指数最小（聚类结果最好）。这进一步证明了自适应聚类和局部嵌入模块有助于生成更清晰的聚类结构：自适应聚类过程逐步识别并排除一般性词语，这些词语落在不同簇的边界上；局部嵌入模块使用特定主题的子语料库来精炼词嵌入，使得子主题在更细粒度上得到很好的分离。

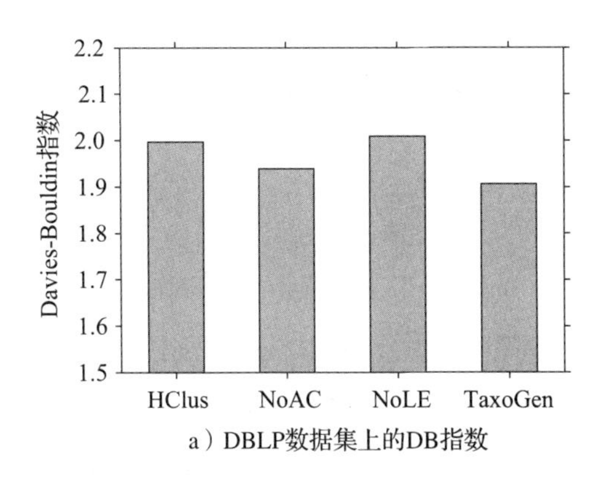

a）DBLP数据集上的DB指数

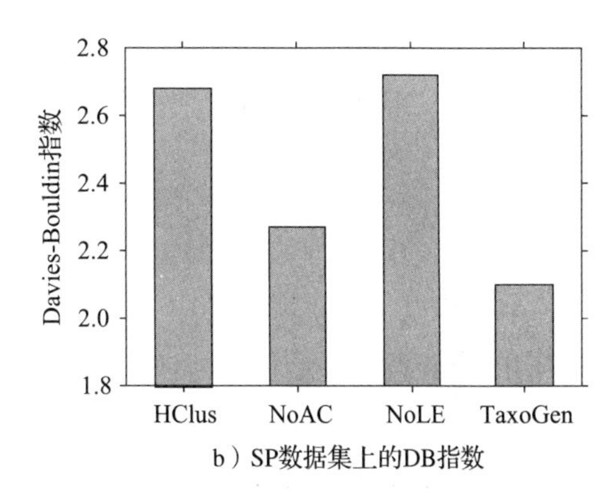

b）SP数据集上的DB指数

图 2.6　基于嵌入的方法在 DBLP 和 SP 数据集上的 Davies-Bouldin 指数

2.7　小结

在本章中，我们研究了从文本中构建主题分类器的问题，该问题是为每一个立方体维度定义模式的基本要素。我们提出了 TaxoGen 方法，该方法基于词嵌入和球形聚类以递归的方式构建主题分类器。该方法包含一个自适应聚类模块，用于当划分一个粗粒度主题时将词语分配到合适的层次；它还包含一个局部嵌入模块，用于学习词嵌入来增强在低层次上的判别力。我们在实验中已经证明了这两个模块在提高结果分类器质量上的有效性，这使得 TaxoGen 方法在主题分类器构建方面比新的层次主题模型和层次聚类方法更具优势。

第 3 章

词语级分类器生成

Jiaming Shen，伊利诺伊大学厄巴纳 - 香槟分校

在本章中，我们将介绍词语级分类器生成。与主题级分类器不同，词语级分类器中的每个节点都是代表一个特定概念的单个词语（或一组同义词）。词语级分类器对于许多知识丰富的应用来说是非常重要的。由于人工分类器的管理需要耗费巨大的人力成本，因此对构建自动分类器的需求应运而生。然而，大多数词语级分类器的构建方法只能构建上位词分类器，其中每条边只能表示“ is-a”关系。这一约束限制了这些方法在更多样的真实世界任务中的适用性，在这些任务中，父 - 子对可能具有不同的关系。在本章中，我们提出了一个词语级分类器生成方法 HiExpan。该方法从一个特定领域的语料库中构建任务导向的词语级分类器，并允许用户输入一个“种子”分类器作为任务指导。

3.1 概述

构建词语级分类器对于许多知识丰富的应用而言是非常重要的，例如问答 [Yang et al., 2017]、查询理解 [Hua et al., 2017] 和个性化推荐 [Zhang et al., 2014]。目前，大多数现有的分类器仍然是由专家或以众包方式构建的，属于劳动密集型、耗时、不适应变更且划分不彻底的分类器。现有的方法大多基于“ is-a”关系来构建分类器（例如，“ panda”是“ mammal”，“ mammal”是“ animal”）[Velardi et al., 2013 ； Wang et al., 2017 ； Wu et al., 2012]，这些方法先使用基于模式的方法或分布式方法来提取上下位词对，再将其组织成一个树状层次结构。然而，这种层次结构无法满足真实世界的需求，原因如下：语义不灵活，许多应用可能需要能够表达更灵活语义的层次结构，例如一个位置分类器中的“city-state-country”；适用范围有限，通过以上方法构建的“通用”分类器很可能无法适用于各种不同的用户特

定的应用任务。

基于此，我们开始研究任务导向的分类器构建方法，这种方法是以用户指定的“种子”分类树（作为任务指导）和特定领域的语料库为基础，并自动生成所需的分类器。例如，用户可以提供一个种子分类器，该分类器包含一个只有两个国家和两个州的大型语料库。我们的方法将输出一个由该语料库中提到的所有国家和州构成的分类器。

接下来我们介绍 HiExpan 方法，这是一种任务导向的分类器构建框架。从用户提供的一个微小种子分类树开始，通过集合扩展的方式来开发一种弱监督的方法。集合扩展算法旨在将一个种子实体的小集合扩展为一个语义相同的完整实体集合 [Rong et al., 2016 ； Shen et al., 2017]。我们开发了一种有趣的 SetExpan 算法 [Shen et al., 2017]，该算法通过新型自举方式将一个很小的种子集合（例如 {“Illinois”，“California”}）扩展为一个完整的集合（例如，语料库中提到的美国各州）。尽管这种方法比较直观，但是想要生成高质量的分类器面临两个主要挑战：对全局分类信息建模，即如果一个词语出现在多个扩展集合中，就需要相应地进行冲突解决和层次调整；初始种子为空集的冷启动问题，例如，如果我们将“Canada”放在国家这一层，就需要找到初始种子集合 {“Ontario”，“Quebec”}，如图 3.1 所示。

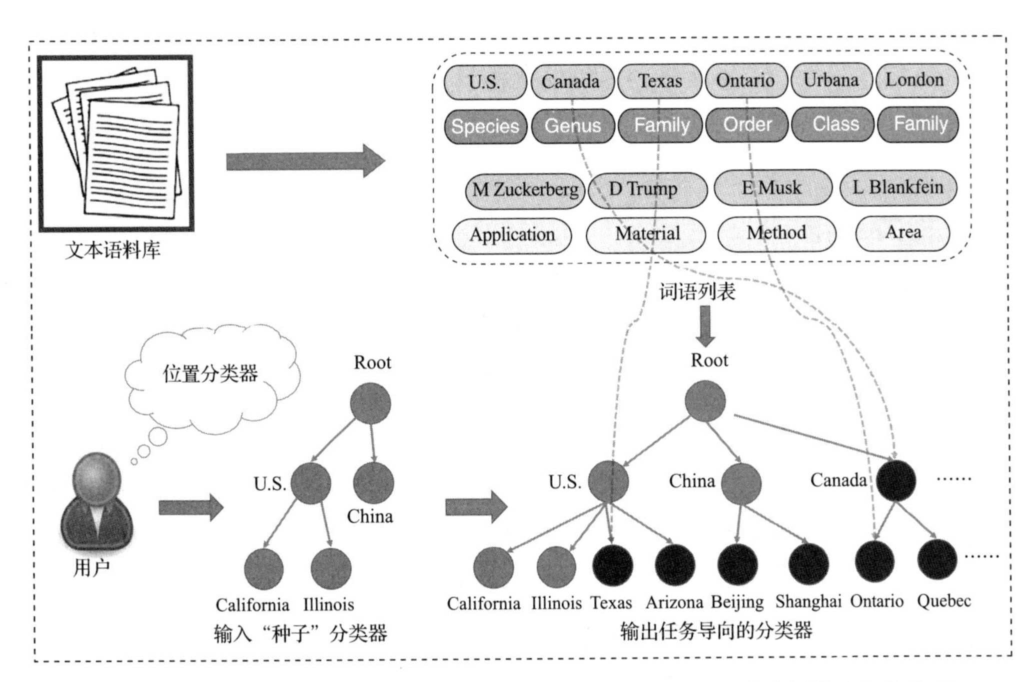

图 3.1　任务导向的分类器构建示意图（用户提供一个“种子”分类树作为任务指导，我们从原始文本语料库中提取关键词，并自动生成所需的分类树）（见彩插）

HiExpan 包含两个用于解决上述两个问题的新模块。首先，在分类树扩展过程中，只要发现存在冲突（即一个词语出现在分类树的多个位置），就计算该词语放在每一个位置时的“置信度评分”，并选择评分最高的位置作为该词语的位置。此外，在树状层次结构扩展过程的最后，还要对整个树状结构进行全局优化。其次，我们引入了一种弱监督的关系提取方法来推断父 - 子关系信息，并找出特定父节点的种子子节点。基于这两个模块，HiExpan 通过迭代地扩展初始种子分类树以构建任务导向的分类树。在每次迭代中，HiExpan 将一个非叶子节点下的所有子节点视为一个一致的集合，并迭代地扩展这些集合来构建分类树。每当遇到一个没有初始子节点的节点时，就首先搜索其种子子节点。在每一次迭代结束时，HiExpan 都会检测所有的冲突，并基于置信度评分来解决这些冲突。

下面给出本章内容的概述：

1. 介绍一个新的研究问题，即任务导向分类器构建（task-guided taxonomy construction），该问题以用户提供的种子分类器和特定领域的语料库为输入，旨在输出一个能够满足用户特定的应用任务的分类器。

2. 介绍一个用于任务导向分类器构建的新型可扩展框架 HiExpan。HiExpan 通过迭代地扩展种子分类树来生成分类器。同时，还通过特殊机制来使用全局树状结构信息。

3. 进行大量实验，以验证 HiExpan 在来自不同领域的三个真实数据集上的有效性。

3.2　相关工作

HiExpan 方法与现有的分类器生成和集合扩展的研究有关。由于本书在最后会给出分类器生成的相关文献，所以这里主要回顾现有的关于集合扩展的研究。

集合扩展的目标是将一个小的种子实体集合扩展为一个语义相同的完整实体集合 [Wang and Cohen, 2007]。Google Set [Tong and Dean, 2008]、SEAL [Wang and Cohen, 2008] 和 Lyretail[Chen et al., 2016] 等一系列工作就是通过向一个在线搜索引擎提交一个种子实体查询并挖掘排名靠前的网页来实现的。另一些工作则是基于语料库方法，通过在线处理一个给定语料库来实现集合扩展。这些方法要么对所有候选实体进行一次排名 [He and Xin, 2011 ；Pantel et al., 2009 ；Shi et al., 2010]，要么执行迭代的基于模式的自举 [Rong et al., 2016 ；Shen et al., 2017 ；Shi et al., 2014]。

在本书的工作中，除了将新实体添加到集合中，我们还要进一步将这些已扩展的实体组织为一个树状层次结构（例如，一个分类器）。

3.3　问题定义

我们的分类器构建框架的输入包括两个部分：一个文档语料库 $\mathcal{D}$；一个“种子”分类树 $\mathcal{T}^0$。由用户提供的这个“种子”分类树 $\mathcal{T}^0$ 是树状层次结构，能够用于任务指导。给定语料库 $\mathcal{D}$，我们的目标是将种子分类树 $\mathcal{T}^0$ 扩展为一个更完整的基于任务的分类树 $\mathcal{T}$，其中每一个节点 $e \in \mathcal{T}$ 表示一个从语料库 $\mathcal{D}$ 中提取的词语[⊖]，每一条边 $\langle e_1, e_2 \rangle$ 表示满足任务特定关系的一对词语。我们用 $\mathbb{E}$ 和 $\mathcal{R}$ 分别表示 $\mathcal{T}$ 中的所有节点和边的集合，即表示为 $\mathcal{T} \overset{\text{def}}{=} (\mathbb{E}, \mathcal{R})$。

示例 3.1　图 3.1 给出了我们所描述问题的一个示例。给定一个 Wikipedia 文章的集合（即 $\mathcal{D}$）和一个包含两个国家和美国两个州的“种子”分类树（即 $\mathcal{T}^0 \overset{\text{def}}{=} (\mathbb{E}^0, \mathcal{R}^0)$），我们的目标是输出一个分类树 $\mathcal{T}$，该分类树包含了语料库 $\mathcal{D}$ 中提到的所有国家和州，并根据特定任务的关系“located in”将其连接起来，表示为 $\mathcal{R}^0$。

3.4　HiExpan 框架

首先在 3.4.1 节中简要介绍 HiExpan 框架。然后，在 3.4.2 节和 3.4.3 节中分别介绍关键词提取模块和层次树扩展算法。最后，在 3.4.4 节中介绍分类器全局优化算法。

3.4.1　框架概述

简而言之，HiExpan 将每一个分类器节点下的所有子节点视为一个连贯的集合，并迭代地扩展这些集合以生成分类器。如图 3.1 所示，两个一级节点（即“U.S.”和“China”）形成一个表示“国家”语义的集合，对该集合进行扩展，可以得到所有国家节点。同样地，还可以对 {“California”，“Illinois”} 集合进行扩展以找出美国的所有州。

⊖　在本书中，我们交替使用“词语”和“实体”。

给定一个语料库 $\mathcal{D}$，首先使用短语挖掘工具和词性过滤器来提取所有关键词。由于生成的词语列表中包含了许多与任务无关的词语（例如，人名与位置分类器完全不相关），因此，使用一种集合扩展技术来筛选出最好的词语，而不是对所有可能的词语进行测试。称这个筛选过程为*宽度扩展*（width expansion），因为该过程会增加分类树的宽度。此外，为了解决某些节点没有初始子节点的问题（例如，图 3.2 中的“Mexico”节点），我们采用一个弱监督的关系提取方法（称为*深度扩展*（depth expansion））来找出其“种子”子节点。通过迭代地执行这两个扩展模块，层次树扩展算法将生成一棵完整的分类树。最后，通过优化分类树的全局结构进行调整。接下来，我们将详细介绍 HiExpan 的这两个模块。

3.4.2　关键词提取

我们采用先进的短语挖掘算法 AutoPhrase[Shang et al., 2018] 来提取给定语料库 $\mathcal{D}$ 中的所有关键词。AutoPhrase 输出一个关键词列表，并识别每一个关键词在语料库中出现的位置。随后，使用一个词性（POS）标记器在语料库中找出每一个关键词出现的 POS 标记顺序。然后，保留那些在其对应的 POS 标签顺序中包含名词 POS 标签（例如，“NN”“NNS”“NNP”）的关键词。最后，将在语料库中至少出现过一次的关键词加入关键词列表。尽管生成的关键词列表是有噪声的，且可能包含一些与任务不相关的词语，但在这一环节中召回率更为关键，因为我们虽然可以识别并简单地忽略 HiExpan 后续步骤的假阳性结果，但是错误地将与任务相关的词语一起排除掉是无法避免的。

3.4.3　层次树扩展

HiExpan 中的层次树扩展算法的目标是生成一棵分类树。该方法基于以下两个算法：SetExpan 算法 [Shen et al., 2017]，其将一个小的种子实体集合扩展为一个完整的具有相同语义的实体集合；REPEL [Qu et al., 2018]，其利用一些关系实例（即满足目标关系的一对实体）作为种子来提取更多关系相同的实例。我们选择这两个算法是因为它们有效地利用了由用户指定的“种子”分类树 $\mathcal{T}^0$ 中的弱监督作用。

宽度扩展

宽度扩展旨在为一组给定的子节点找出具有相同父节点的兄弟节点。下面的示例将对其进行说明。

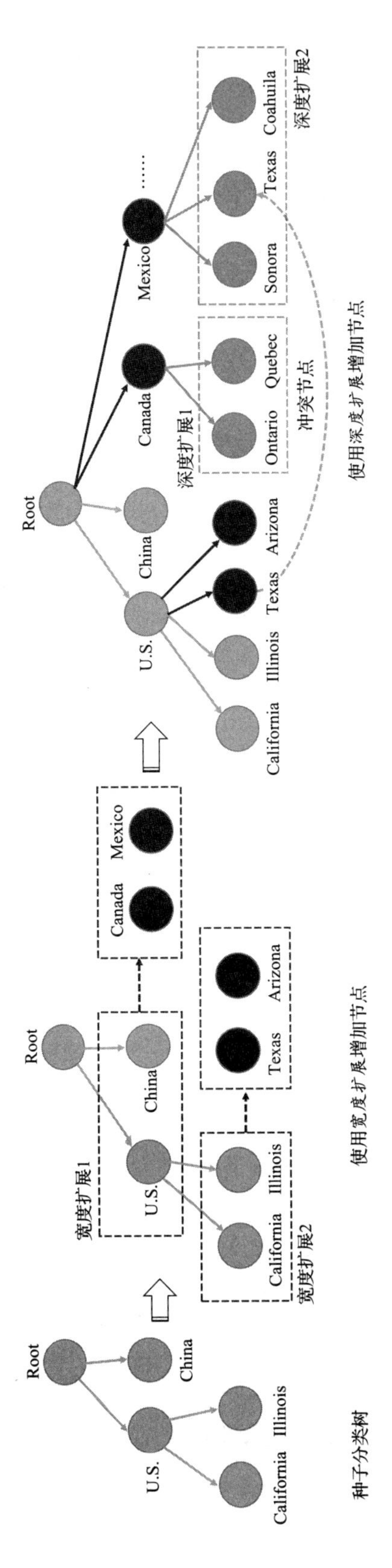

图 3.2　层次树扩展算法的概述（见彩插）

示例 3.2　宽度扩展　图 3.2 展示了两个预期的宽度扩展结果。在给定集合 {“U.S”，“China”} 时，我们希望找出其兄弟节点“Canada”“Mexico”，并将这两个节点放在父节点“Root”下。同样地，我们还想要找出集合 {“California”，“Illinois”} 的所有兄弟节点，并将其放在父节点“U.S.”下。

上述问题自然地转变成了集合扩展问题，因此可以采用 Shen 等 [2017] 提出的 SetExpan 算法来解决此问题。与原始的 SetExpan 算法相比，其介绍的宽度扩展算法结合使用了词嵌入特征，并且更好地利用了实体类型特征。接下来，我们先介绍几种不同类型的特征和相似度度量，再详细介绍宽度扩展算法。

特征。我们将使用以下三种类型的特征。

1. skip-pattern[⊖]：给定一个句子中的目标词语 e_i，其 skip-pattern 特征之一为“w_{-1}_w_1”，这里，w_{-1} 和 w_1 是两个语境词，e_i 被占位符替换。skip-pattern 的一个优点是强加了位置限制。例如，句子“We need to pay California tax”中的单词“California”的一个 skip-pattern 是“pay_tax”。根据 [Rong et al., 2016；Shen et al., 2017]，可以为每一个句子中的一个目标词语 e_i 提取出 6 个不同长度的 skip-pattern。

2. 词嵌入（term embedding）：我们使用 word2vec [Mikolov et al., 2013] 中的 Skip-Gram 模型或 REPEL[Qu et al., 2018]（在 3.4.3 节中介绍）来学习词嵌入。我们先使用“_”连接多元词语（例如，“Baja California”）中的单词，然后学习该词语的嵌入。词嵌入特征的优势是它可以捕获每一个词语的语义。

3. 实体类型（entity type）：我们通过将每个实体链接到 Probase[Wu et al., 2012] 来获得它们的类型，这些返回的类型将作为该实体的特征。而那些无法链接的实体就没有类型特征。

相似度度量。宽度扩展算法的一个关键组成部分是计算两个兄弟实体 e_1 和 e_2 的相似度，记为 $\text{sim}_{\text{sib}}(e_1, e_2)$。首先，我们给每一对实体和 skip-pattern 分配权重，如下所示：

$$f_{e,\text{sk}} = \log(1+X_{e,\text{sk}})\left[\log|V| - \log\left(\sum_{e'} X_{e',\text{sk}}\right)\right] \tag{3.1}$$

其中，$X_{e,\text{sk}}$ 是实体 e 和 skip-pattern sk 之间的原始共现计数，$|V|$ 是候选实体的总数。

同样地，我们对实体和类型之间的关联权重定义如下：

⊖ 该特征在 Shen 等 [2017] 的论文中称为“skip-gram”特征。这里我们换一个术语以避免与 word2vec [Mikolow et al., 2013] 中用于训练词嵌入的 Skip-Gram 模型混淆。

$$f_{e,\mathrm{ty}} = \log(1+C_{e,\mathrm{ty}})\left[\log|V| - \log\left(\sum_{e'} C_{e',\mathrm{ty}}\right)\right] \tag{3.2}$$

其中，$C_{e,\mathrm{ty}}$ 是 Probase 返回的置信度评分，表示其相信实体 e 具有类型 ty 的置信度。

接下来，我们使用 skip-pattern 特征计算两个兄弟实体的相似度，如下所示：

$$\mathrm{sim}_{\mathrm{sib}}^{\mathrm{sk}}(e_1, e_2 \mid \mathrm{SK}) = \frac{\sum_{\mathrm{sk}\in\mathrm{SK}} \min(f_{e_1,\mathrm{sk}}, f_{e_2,\mathrm{sk}})}{\sum_{\mathrm{sk}\in\mathrm{SK}} \max(f_{e_1,\mathrm{sk}}, f_{e_2,\mathrm{sk}})} \tag{3.3}$$

其中，SK 表示一组选定的“判别性”skip-pattern 特征（将在后面详细介绍）。同样地，我们可以使用所有类型特征来计算 $\mathrm{sim}_{\mathrm{sib}}^{\mathrm{tp}}(e_1, e_2)$。最后，使用余弦相似度根据两个实体的嵌入特征计算它们之间的相似度 $\mathrm{sim}_{\mathrm{sib}}^{\mathrm{emb}}(e_1, e_2)$。

为了结合以上三个相似度，我们发现一对好的兄弟实体应该出现在相似的语境中，且具有相似的嵌入和类型。因此，我们使用一个乘积度量来计算兄弟实体之间的相似度，如下所示：

$$\mathrm{sim}_{\mathrm{sib}}(e_1, e_2 \mid \mathrm{SK}) = \sqrt{(1+\mathrm{sim}_{\mathrm{sib}}^{\mathrm{sk}}(e_1, e_2 \mid \mathrm{SK})) \cdot \mathrm{sim}_{\mathrm{sib}}^{\mathrm{emb}}(e_1, e_2)} \cdot \sqrt{1+\mathrm{sim}_{\mathrm{sib}}^{\mathrm{tp}}(e_1, e_2)} \tag{3.4}$$

宽度扩展过程。给定一个种子实体集合 S 和一个候选实体列表 V，一个简单的想法就是使用所有的特征来计算每一个候选实体与种子集合 S 中所有实体的平均相似度。但是，这个方法可能存在问题，原因如下：特征空间是非常巨大（即可能存在数百万种 skip-pattern 特征）且嘈杂的；候选实体列表 V 是嘈杂的，因为候选实体列表 V 中的许多实体与 S 完全不相关。因此，我们采取了一种更为保守的方法，首先选择一组高质量的 skip-pattern 特征，然后仅对那些至少与一个高质量 skip-pattern 特征相关的实体计算其得分。

从种子集合 S 开始，我们首先根据每个 skip-pattern 特征与 S 中实体的累积权重对其进行打分（即，$\mathrm{score}(\mathrm{sk}) = \sum_{e\in S} f_{e,\mathrm{sk}}$），然后选择得分最高的 top-200 skip-pattern 特征。之后，使用无替换抽样方法来生成 10 个 skip-pattern 特征子集 SK_t，t= 1, 2, ⋯, 10。其中每一个子集 SK_t 含有 120 个 skip-pattern 特征。给定一个 SK_t，我们只考虑 V 中那些至少与 SK_t 中一个 skip-pattern 特征相关的候选实体，该候选实体的得分计算如下：

$$\mathrm{score}(e \mid S, \mathrm{SK}_t) = \frac{1}{|S|}\sum_{e'\in S} \mathrm{sim}_{\mathrm{sib}}(e, e' \mid \mathrm{SK}_t) \tag{3.5}$$

对于每个 SK_t，我们可以根据评分得到一个候选实体 L_t 的排名列表。使用 r^i_t 表示 L_t 中实体 e_i 的排名，若 e_i 不在 L_t 中，则 $r^i_t=\infty$。最后，我们计算每个实体 e_i 的平均倒数排名（mean reciprocal rank，mrr)，并将平均排名大于 r 的实体加入集合 S，如下所示：

$$\mathrm{mrr}(e_i)=\frac{1}{10}\sum_{t=1}^{10}\frac{1}{r_t^i},\ S=S\cup\left\{e_i\,\middle|\,\mathrm{mrr}(e_i)>\frac{1}{r}\right\} \tag{3.6}$$

上述聚合机制的核心思想是，不相关的实体不会频繁出现在多个排名列表 L_t 中靠前的位置，因此可能获得较低的 mrr 得分。Shen 等 [2017] 已经证明了该思想的有效性。在本书中，我们设置 $r=5$。

深度扩展

宽度扩展算法需要以一个初始种子实体集为开始。由于初始种子分类器 T^0 的子节点可以自然地形成一个集合，因此可以满足宽度扩展算法的要求。然而，对于分类树中那些新增的节点（例如，图 3.2 中的 “Canada” 节点），由于没有任何子节点，因此我们无法直接使用宽度扩展算法。为此，我们通过一个目标节点的兄弟节点和侄子节点之间的关系，使用深度扩展算法来获得它的初始子节点。下面通过一个具体的例子进行介绍。

示例 3.3 深度扩展 以图 3.2 中的 “Canada” 节点为例。该节点是通过先前的宽度扩展算法生成的，因此没有任何子节点。我们的目标是通过对 “Canada” 的兄弟节点（如 “U.S.”）和侄子节点（如 “California” “Illinois”）之间的关系进行建模，找出其初始子节点（如 “Ontario” 和 “Quebec”）。同样地，给定目标节点 “Mexico”，我们也可以找出它的初始子节点，如 “Sonora”。

深度扩展算法是基于词嵌入的，将词语语义编码为一个固定长度的密集向量。我们使用 $\boldsymbol{v}(t)$ 表示词语 t 的嵌入向量。如 Mikolov 等 [2013] 所提出的，两个词嵌入的偏移量可以表示这两个词语之间的关系，从而有 $\boldsymbol{v}$(“U. S.”) − $\boldsymbol{v}$(“California”) ≈ $\boldsymbol{v}$(“Canada”) − $\boldsymbol{v}$(“Ontario”)。因此，给定一个目标父节点 e_t，以及一组参照边 $E=\{\langle e_p, e_c\rangle\}$，其中 e_p 是 e_c 的父节点，将节点 e_x 作为节点 e_t 的子节点的 “优度” 计算如下：

$$\mathrm{sim}_{\mathrm{par}}(\langle e_t, e_x\rangle)=\cos\left(\boldsymbol{v}(e_t)-\boldsymbol{v}(e_x),\ \frac{1}{|E|}\sum_{\langle e_p,e_c\rangle}\boldsymbol{v}(e_p)-\boldsymbol{v}(e_c)\right) \tag{3.7}$$

其中，$\cos(\boldsymbol{v}(x), \boldsymbol{v}(y))$ 表示向量 $\boldsymbol{v}(x)$ 和 $\boldsymbol{v}(y)$ 之间的余弦相似度。最后，基于

$\text{sim}_{\text{par}}(\langle e_t, e_i\rangle)$ 对每一个候选实体 e_i 打分，并选择得分最高的 top-3 实体作为节点 e_t 的初始子节点。

词嵌入是通过 REPEL[Qu et al., 2018] 学习得到的，REPEL 是一个使用模式增强嵌入学习进行弱监督关系提取的模型。该模型需要一些种子关系（例如“U.S.-Illinois”和“U.S.-California”），并输出词嵌入和用于获得目标关系类型的可靠关系短语。REPEL 包括一个模式模块，用来学习一组可靠的文本模式。它还包含一个分布式模块，用来学习一个用于预测的词语表示的关系分类器。这两个模块相互监督，分布式模块在模式模块的更可靠模式的监督下学习词嵌入。如此，所学到的词嵌入相较于从 word2vec[Mikolov et al., 2013] 和 PTE[Tang et al., 2015] 这类嵌入模型获得的词嵌入，携带更多有用的信息，特别是在挖掘目标关系类型的关系元组方面。

冲突解决

我们的层次树扩展算法迭代地使用宽度扩展和深度扩展，以将分类树扩展完整。由于用户指定的种子分类树 $\mathcal{T}^0$ 的监督信号非常微弱（即只给出了很少的节点和边），因此需要确保在前几次迭代中引入的节点是高质量的，并且在后续的迭代中不会误导扩展过程向错误的方向执行。在本书中，对于每一个与任务相关的词语，我们的目标是找出这个词语在输出的任务导向分类树 $\mathcal{T}$ 中的一个最佳位置。因此，当在树扩展过程中发现一个词语出现在多个位置上时，则认为出现了“冲突”，我们的目标是找出这个词语在分类树中的最佳位置以解决冲突。

给定一组存在冲突的节点 $\mathcal{C}$，即同一个实体出现在不同位置上，我们使用以下三个规则来选择这组节点的最佳位置。首先，若 $\mathcal{T}^0$ 中存在任意节点，则直接选择这个节点，并跳过后面两个步骤。否则，对于 $\mathcal{C}$ 中的每一对节点，查看其中一个节点是否为另一个节点的祖先，并且只保留祖先节点。之后，计算每一个保留下来的节点 $e \in \mathcal{C}$ 的“置信度评分”，如下：

$$\text{conf}(e) = \frac{1}{|\text{sib}(e)|} \sum_{e' \in \text{sib}(e)} \text{sim}_{\text{sib}}(e, e' \mid \text{SK}) \cdot \text{sim}_{\text{par}}(\langle \text{par}(e), e \rangle) \tag{3.8}$$

其中，sib(e) 表示 e 的所有兄弟节点，而 par(e) 表示 e 的父节点。SK 中的 skip-pattern 特征是基于与 sib(e) 中的实体的累积权重选择得到的。式（3.8）实质上捕获了节点与其兄弟节点和父节点的联合相似度。我们选择具有最高置信度评分的节点。最后，对于 $\mathcal{C}$ 中每一个未选中的节点，对其所有子树进行剪枝，删除其后生成的所有兄弟节点，并将这些节点放入其父节点的“子代列表”中。具体示例如下。

示例 3.4 冲突解决 在图 3.2 中，我们可以看到有两个“Texas”节点，分别挂在节点“U.S.”和“Mexico”下面。由于这两个节点都不来自初始“种子”分类树，因此也不存在一个祖先 - 后代关系，我们需要基于式（3.8）计算每一个节点的置信度评分。由于“Texas”与美国其他州的关系比其与墨西哥的关系更紧密，因此选择“U.S.”下的“Texas”节点。然后，将“Mexico”下的“Texas”节点删除，并砍掉其后生成的兄弟节点“Coahuila”。最后，还要让“Mexico”节点记住“Texas”并非其子节点，避免后续再将其添加进来。值得注意的是，尽管此处已经删除了“Coahuila”节点，但是在后续执行树扩展算法的迭代过程中也可能会将其添加到分类树中。

总结。算法 3.1 展示了层次树扩展的整个过程。该算法从树的根节点开始，迭代地扩展当前可扩展分类树的每一个节点的子节点。若一个目标节点 e_t 没有子节点，则先使用深度扩展来获取其初始子节点 S，然后使用宽度扩展来获取更多的子节点 C_{new}。在每一次迭代结束时，都对所有存在冲突的节点进行处理。迭代过程在分类树进行 max_iter 次扩展后终止，并返回一个最终的扩展分类树 $\mathcal{T}$。

算法 3.1 层次树扩展

输入：种子分类树 $\mathcal{T}^0$；候选词项列表 V；最大扩展迭代次数 max_iter。
输出：任务导向的分类树 $\mathcal{T}$。

```
𝒯 ← 𝒯⁰
for iter from 1 to max_iter do
  q ← queue ([𝒯.rootNode])
  while q is not empty do
    e_t ← q.pop()
    ⊡ Depth Expansion
    if e_t.children is empty then
      S ← DEPTH-EXPANSION(e_t)
      e_t.children ← S
      q.push (S)
    end if
    ⊡ Width Expansion
    C_new ← WIDTH-EXPANSION(e_t.children)
    e_t.children = e_t.children ⊕ C_new
    q.push (C_new)
  end while
  ⊡ Conflict Resolution
  Identify conflicting nodes in 𝒯 and resolve the conflicts
end for
Return 𝒯
```

3.4.4 分类器全局优化

算法 3.1 根据节点与其他兄弟节点和父节点的“局部”相似性，选择一个节点并将其挂到分类树上。虽然仅使用“局部”相似度进行建模能够简化树扩展过程，但是从“全局”角度来看，这样得到的分类树并不是最优的。例如，在对法国地区进行扩展时，我们发现应该属于意大利地区的实体“ Molise”被错误地挂在“ France”节点下，这很可能是因为“ Molise”与法国的其他地区频繁地出现在相似的语境中。但是，当我们从全局的角度来看这个分类树，并提出问题“ Molise 归属于哪个国家 / 地区”时，我们可以轻松地将“ Molise”节点挂在“ Italy”节点下，因为“Molise”与意大利的相似度比与法国的更高。

根据以上示例，我们在 HiExpan 中提出了一个分类器全局优化模块（taxonomy global optimization module）。该模块的核心思想是调整分类树中连续的两层，并为低一层的“子”节点找出位于上一层的最佳“父”节点。例如，在图 3.2 中，上一层包含所有国家，下一层包含每个国家的第一级行政区划。直观地讲，分类器全局优化模块做出以下两个假设：具有相同父节点的实体是相似的，并形成一个连贯的集合；每个实体与其真正的父节点的相似度比与父节点的兄弟节点的相似度更高。

形式上，假设上一层有 m 个父节点，下一层有 n 个子节点，用 $\boldsymbol{W} \in \mathbb{R}^{n \times n}$ 表示实体 - 实体兄弟的相似度，$\boldsymbol{Y}^c \in \mathbb{R}^{n \times p}$ 表示两个实体父代的相似性。若 $i \neq j$，设 $\boldsymbol{W}_{ij}=\mathrm{sim}_{\mathrm{sib}}(e_i, e_j)$，否则 $\boldsymbol{W}_{ii}=0$。设 $\boldsymbol{Y}_{ij}^c=\mathrm{sim}_{\mathrm{par}}(\langle e_j, e_i \rangle)$。此外，我们定义另一个 $n \times p$ 的矩阵 $\boldsymbol{Y}^s$，若节点 e_i 为节点 e_j 下的子节点，则 $\boldsymbol{Y}_{ij}^s=1$，否则 $\boldsymbol{Y}_{ij}^s=0$。该矩阵捕获了每一个子节点的当前父节点。使用 $\boldsymbol{F} \in \mathbb{R}^{n \times p}$ 表示我们想要学习的子节点的父节点分配。给定一个 $\boldsymbol{F}$，我们将每一个“子”节点 e_i 分配给一个“父”节点 $e_j=\arg\max\limits_j \boldsymbol{F}_{ij}$。最后，提出以下优化问题来反映上述两个假设：

$$\min_{\boldsymbol{F}} \sum_{i,j}^{n} \boldsymbol{W}_{ij} \left\| \frac{\boldsymbol{F}_i}{\sqrt{\boldsymbol{D}_{ii}}} - \frac{\boldsymbol{F}_j}{\sqrt{\boldsymbol{D}_{jj}}} \right\|_2^2 + \mu_1 \sum_{i=1}^{n} \left\| \boldsymbol{F}_i - \frac{\boldsymbol{Y}_i^c}{\|\boldsymbol{Y}_i^c\|_1} \right\|_2^2 + \mu_2 \sum_{i=1}^{n} \| \boldsymbol{F}_i - \boldsymbol{Y}_i^s \|_2^2 \tag{3.9}$$

其中，$\boldsymbol{D}_{ii}$ 是 $\boldsymbol{W}$ 中第 i 行之和，μ_1 和 μ_2 是两个非负模型超参数。式（3.9）中的第一项对应第一个假设，用于对两个实体的兄弟节点的相似度建模。也就是说，如果两个实体是相似的（即大 $\boldsymbol{W}_{ij}$），则它们应具有相似的父节点分配。式（3.9）中的第二项对应第二个假设，用来对父节点的相似度建模。最后，式（3.9）中的最后一项用作平滑约束，并在全局调整之前捕获分类结构信息。

为了解决上述两个优化问题，我们对目标函数关于 $\boldsymbol{F}$ 求导，以获得封闭形式的解：

$$\boldsymbol{F}^* = (\boldsymbol{I} - \alpha S)^{-1} \cdot (\beta_1 \boldsymbol{Y}^c + \beta_2 \boldsymbol{Y}^s), \quad \boldsymbol{S} = \boldsymbol{D}^{-1/2} \boldsymbol{W} \boldsymbol{D}^{-1/2} \tag{3.10}$$

其中，$\alpha = \frac{1}{1+\mu_1+\mu_2}$，$\beta_1 = \frac{\mu_1}{1+\mu_1+\mu_2}$，$\beta_2 = \frac{\mu_2}{1+\mu_1+\mu_2}$。该计算过程与 Zhou 等 [2003] 提出的相似。

3.5 实验

3.5.1 实验设计

数据集

我们使用来自不同领域的三个语料库来评估 HiExpan 的性能：DBLP 包含计算机科学领域的约 156 000 篇论文摘要；Wiki 是 Ling 和 Weld[2012] 以及 Shen 等 [2017] 使用过的英文版 Wikipedia 页面的一个子集；PubMed-CVD 包含从 PubMed[㊀] 数据库检索到的 463 000 篇有关心血管疾病的研究论文摘要。表 3.1 列出了我们实验中使用的数据集的详细信息。所有的数据集均可以从以下网址下载：http://bit.ly/2Jbilte。

表 3.1　数据集统计信息

数据集	文件大小	语句集文件大小	实体集文件大小
Wiki	1.02 GB	1.50 MB	41.2 KB
DBLP	520 MB	1.10 MB	17.1 KB
PubMed-CVD	1.60 GB	4.48 MB	36.1 KB

比较方法

据我们所知，我们是最先研究基于用户指导的任务导向分类器构建问题的，所以没有合适的基线方法可以直接用来比较。因此，我们将 HiExpan 与启发式集合扩展的方法及 HiExpan 的变体进行比较，以评估 HiExpan 方法的有效性，如下所示：

1. HSetExpan 是一种基线方法，它在分类器的每一层迭代地使用 SetExpan 算

㊀ https://www.ncbi.nlm.nih.gov/pubmed。

法 [Shen et al., 2017]。对于每一个更低层次的节点，该方法通过式（3.7）定义的父 – 子相似度度量来找出其最佳父节点。

2. NoREPEL 是 HiExpan 的一个变体，它不包含 REPEL[Qu et al., 2018] 模块（其结合使用基于模式的方法和分布式方法进行嵌入学习）。相反地，我们使用 Skip-Gram 模型 [Mikolov et al., 2013] 来学习词嵌入。

3. NoGTO 是 HiExpan 的一个变体，它不包含分类器全局优化模块，而是直接通过层次树扩展算法输出一个分类器。

4. HiExpan 是我们提出的一个完整框架，它同时包含了 REPEL 嵌入学习模块和分类器全局优化模块。

参数设置

我们使用上述方法分别对三个语料库生成分类器。当使用 AutoPhrase[Shang et al., 2018] 提取关键词列表时，我们将在语料库中出现超过 15 次的词语视为频繁词。在 REPEL[Qu et al., 2018] 和 Skip-Gram 模型 [Mikolov et al., 2013] 中，设置嵌入维度为 100。所有方法的最大扩展迭代次数 max_iter 均设为 5。最后，分类器全局优化模块中的两个超参数分别设置为 $\mu_1=0.1$ 和 $\mu_2=0.01$。

3.5.2　定性结果

在本节中，我们将介绍 HiExpan 在三个文本语料库上基于不同用户指导而生成的分类树。这些种子分类树如图 3.3 的左半部分所示。

1. 如图 3.3a 所示，“种子”分类器包含三个国家和六个州 / 省。在第一层，是“United States”“China”和“Canada”节点。节点“United States”的初始种子子节点为“California”“Illinos”和“Florida”。节点“China”的种子子节点为“Shandong”“Zhejiang”和“Sichuan”。我们的目标是输出一棵包含语料库中所有国家和州 / 省实体的分类树，且这些实体之间的关系是基于“国家 – 州 / 省”的。图 3.3a 的右半部分展示了由 HiExpan 生成的分类树的一部分，其中包含了已扩展的国家和加拿大的省份。HiExpan 首先使用深度扩展算法找出“Canada”的初始子节点（如“Alberta”和“Manitoba”），然后从集合 {“Alberta”,“Manitoba”} 开始，使用宽度扩展算法找出更多的加拿大省份。重复这些步骤，最终 HiExpan 能够找出位于分类树第一层的国家，如“England”“Australia”和“Germany”，并找出隶属于这些国家的所有州 / 省。

2. 图 3.3b 展示了 HiExpan 在 DBLP 数据集上生成的分类树的一部分。给定初始种子分类树（图 3.3b 的左半部分），HiExpan 能自动发现许多计算机科学的子领域，例如“信息检索”“无线网络”和“图像处理”。我们还可以在更细粒度上看分类树。以“natural_language_processing”节点为例，HiExpan 成功地找到了自然语言处理中的主要子主题，例如“question_answearing”“text_summarization”和“word_sense_disambiguation”。HiExpan 甚至在没有任何初始种子实体的情况下找出了图像处理的子主题。如图 3.3b 的右半部分所示，它得到了“image_processing”的高质量子主题，例如“image_enhancement”“image_compression”“skin_detection”等。

3. 图 3.3c 展示了 HiExpan 在 PubMed-CVD 数据上运行得到的分类树的一部分。在第一层，我们向模型输入三个种子，即“cardiovascular_abnormalities”“vascular_diseases”和“heart_disease”，以及这些节点下面的三个种子子节点。在第一层，HiExpan 生成标签，如“coronary_artery_diseases”“heart_failures”“heart_diseases”和“cardiac_diseases”。我们发现许多标签，例如“heart_disease”和“cardiac_disease”，实际上是同义词。这些同义词在 HiExpan 生成的分类树中处于同一层，这是因为它们具有相同的语义，且出现在相似的语境中。同义词发现和解析是我们未来要做的一项重要工作。

表 3.2 展示了 HiExpan 中的分类器全局优化模块的效果。从针对 Wiki 数据集的实验中，我们观察到“London”节点一开始是挂在“Australia”节点下的，但是在进行分类器全局优化之后，该节点被正确地移到了“England”节点下。类似地，在 DBLP 数据集中，词语“unsupervised_learning”一开始放在“data_mining”节点下，后来又被移到了父节点“machine_learning”之下。这证明了我们提出的分类器全局优化模块的有效性。

3.5.3 定量结果

在本节中，我们对使用不同方法构建的分类器的质量进行定量评估。

评估指标

评估整个分类器的质量是一项具有挑战性的工作，因为需要进行多方面的考虑，并且很难获得一个黄金标准 [Wang et al., 2017]。根据 Bordea 等 [2015, 2016] 和 Mao 等 [2018] 的研究结果，本研究使用了 Ancestor-F1 和 Edge-F1 对分类器进行评估。

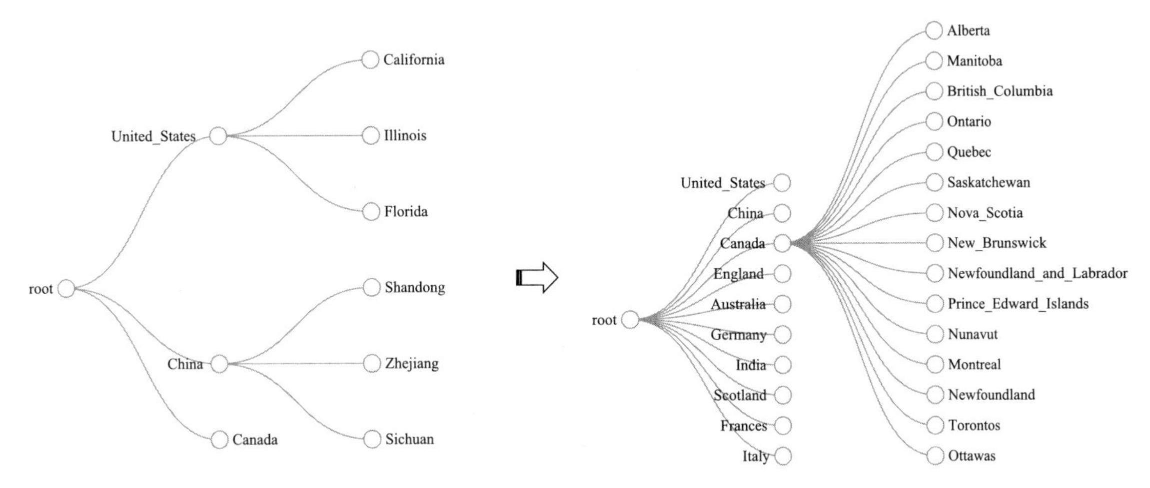

a）HiExpan在Wiki数据集上生成的分类树的一部分

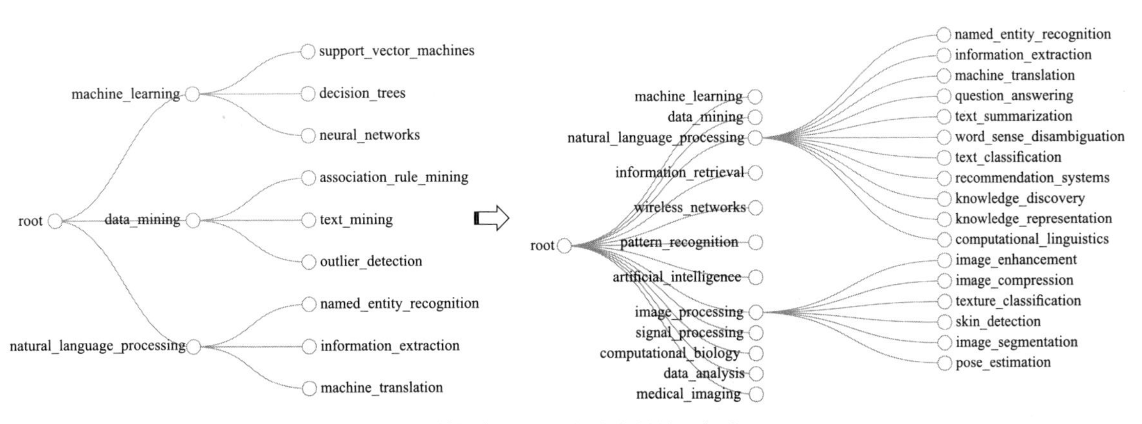

b）HiExpan在DBLP数据集上生成的分类树的一部分

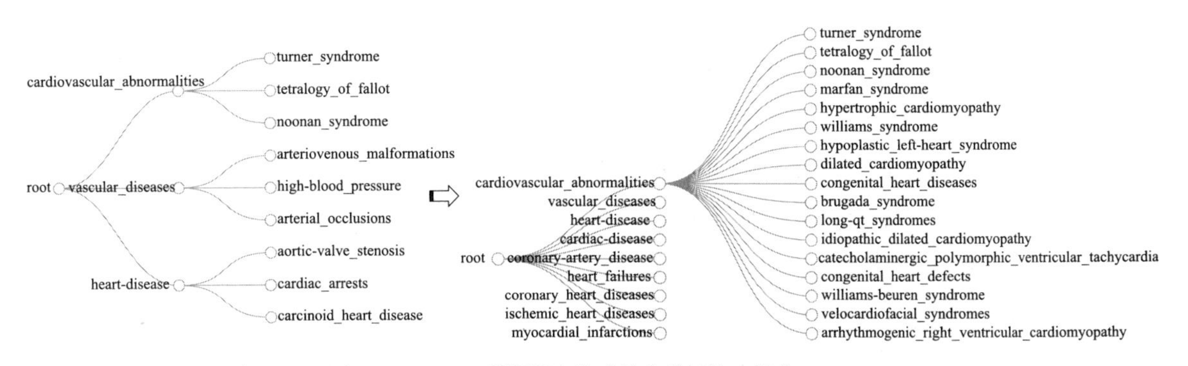

c）HiExpan在PubMed-CVD数据集上生成的分类树的一部分

图 3.3 定性结果：HiExpan 在三个不同语料库上生成的分类树

表 3.2　NoGTO 给出了不使用分类器结构优化模块得到的实体的父节点，HiExpan 给出了使用分类器结构优化模块得到的实体的父节点

数据集	实体	NoGTO	HiExpan
Wiki	London Chiba Molise New_South_Wales Shropshire	Australia China Frances England Scotland	England Japan Italy Australia England
DBLP	unsupervised_learning social_network_analysis multi-label_classification pseudo-relavance_feedback function_approximate	data_mining natural_language_processing information_retrieval computational_biology data_analysis	machine_learning data_mining machine_learning information_retrieval machine_learning

Ancestor-F1 度量正确预测出的祖先关系。它枚举了预测分类器中的所有实体对，并将其与黄金标准分类器中的实体对进行比较。

$$P_a = \frac{|\text{is-ancestor}_{\text{pred}} \cap \text{is-ancestor}_{\text{gold}}|}{|\text{is-ancestor}_{\text{pred}}|}$$

$$R_a = \frac{|\text{is-ancestor}_{\text{pred}} \cap \text{is-ancestor}_{\text{gold}}|}{|\text{is-ancestor}_{\text{pred}}|}$$

$$F1_a = \frac{2P_a * R_a}{P_a + R_a}$$

其中，P_a、R_a、$F1_a$ 分别表示预测祖先的精确度、召回率和 F1 评分。

Edge-F1 将不同分类器构建方法预测的边与黄金标准分类器中的边进行比较。同样地，P_e、R_e 和 $F1_e$ 分别表示预测边的精确度、召回率和 F1 评分。

为了构建黄金标准，我们从由表 3.3 中的不同方法生成的分类器中提取所有父 - 子节点的边。然后将所有的边放在一起，并向五个人提问，这五个人里有本书的第二和第三作者，以及三位志愿者，这些人独立地对这些边进行判断。我们为其提供种子父 - 子节点对和已生成的父 - 子节点对，让其评估这些生成的父 - 子节点对与给定种子中的父 - 子节点对是否具有相同的关系。在收集完这些评估结果后，我们简单地使用多数投票方法对其进行标记。我们将这些标记的数据作为黄金标准。可以在 http://bit.ly/2Jbilte 获得标记好的数据集。

评估结果

表 3.3 展示了不同方法预测的祖先和边的精确度、召回率和 F1 评分。我们从

中可以看到 HiExpan 的整体性能最好，且特别是在精确度上优于其他方法。通过比较 HiExpan、NoREPEL 和 NoGTO 的性能，我们发现 REPEL 和分类器全局优化模块在提高生成分类器的质量方面都发挥着重要作用。具体而言，REPEL 通过分布式模块和模式模块之间不断相互增强来学习更多的判别表示，而分类器全局优化模块使用了从整个分类树结构获得的全局信息。此外，HiExpan 在每一次树扩展迭代过程中砍掉当前扩展分类树的节点，以解决“冲突”。在迭代次数相同的情况下，与 HSetExpan 方法相比，HiExpan 生成了一棵更小的分类树。然而，我们还可以看到 HiExpan 在数据集 Wiki 和 PubMed-CVD 上的召回率高于 HSetExpan，这进一步证明了 HiExpan 框架的有效性。

表 3.3　定量结果：表中展示了分别由 HSetExpan、NoREPEL、NoGTO 和 HiExpan 方法构建的分类器的定量结果（P_a、R_a 和 $F1_a$ 分别表示祖先的精确度、召回率和 F1 评分。同样地，P_e、R_e 和 $F1_e$ 分别表示边的精确度、召回率和 F1 评分）

度量标准		祖先关系			直接关系		
		P_a	R_a	$F1_a$	P_e	R_e	$F1_e$
Wiki	HSetExpan	0.740	0.444	0.555	0.759	0.471	0.581
	NoREPEL	0.696	0.596	0.642	0.697	0.576	0.631
	NoGTO	0.827	0.708	0.763	0.810	0.671	0.734
	HiExpan	**0.847**	**0.725**	**0.781**	**0.848**	**0.702**	**0.768**
DBLP	HSetExpan	0.743	**0.448**	**0.559**	0.739	0.448	0.558
	NoREPEL	0.722	0.384	0.502	0.705	**0.464**	0.560
	NoGTO	0.821	0.366	0.506	0.779	0.433	0.556
	HiExpan	**0.843**	0.376	0.520	**0.829**	0.460	**0.592**
PubMed-CVD	HSetExpan	0.524	0.438	0.477	0.513	0.459	0.484
	NoREPEL	0.583	**0.473**	0.522	0.593	**0.541**	0.566
	NoGTO	0.729	0.443	0.551	0.735	0.506	0.599
	HiExpan	**0.733**	0.446	**0.555**	**0.744**	0.512	**0.606**

3.6　小结

在本章中，我们介绍了生成词语级分类器的 HiExpan 方法。该方法将一个分类节点下的所有子节点视为一个一致的集合，并递归地扩展这些集合以构建分类器。此外，HiExpan 包含一个弱监督关系提取模块，可用于推断父 - 子关系，并通过优化其全局结构来调整分类树。三个公共数据集上的实验结果证明了 HiExpan 的有效性。

第 4 章

弱监督文本分类

Yu Meng，伊利诺伊大学厄巴纳 – 香槟分校

在第 2 和 3 章中，我们研究了立方体构造的分类器生成问题。现在我们继续研究文档分配问题，该问题旨在将文档分配到多维立方体中。文档分配本质上是一个多维的层次文本分类问题。在本章中，我们提出一种弱监督的纯文档分类方法。在第 5 章中，我们将该方法进行扩展以支撑层次文本分类。

4.1 概述

将文档分配到文本立方体中 [Tao et al., 2018] 本质上是一个多维的层次文本分类问题。深度神经模型——包括卷积神经网络（CNN）[Johnson and Zhang, 2015；Kim, 2014；Zhang and LeCun, 2015；Zhang et al., 2015] 和递归神经网络（RNN）[Socher et al., 2011a, b；Yang et al., 2016]——已经在文本分类中表现出优越性。这些神经模型对文本分类的吸引力主要有两个方面。首先，神经模型自动地学习分布式表示以捕获文本语义，这大大减少了特征设计的工作量。其次，神经模型拥有强大的表达能力，能够更好地从数据中学习，以此获得更好的分类性能。

尽管神经模型在文本分类方面具有吸引力并且越来越受欢迎，但是缺乏训练数据仍然是阻碍其应用到许多实际场景中的一个关键瓶颈。的确，训练一个文本分类的深度神经模型往往需要数百万个标记文档。收集这些训练数据需要领域专家通读数百万份文档，并运用领域知识对其仔细标记，这样做通常成本太高而无法实现。

为了解决标签稀缺的问题，我们对学习弱监督文本分类的神经模型问题进行研究。在许多场景下，用户虽然无法提供大量的标记文档来训练神经模型，但是可以为分类任务提供少量的种子信息。这些种子信息可能具有各种形式：每个类的一组

代表性关键词，或一些（少于 12 个）标记文档，或者只是类的表面名称。这一问题称为弱监督文本分类。

目前已有许多关于弱监督文本分类的研究。然而，在弱监督情况下训练一个文本分类的神经模型仍然是一个有待研究的问题。人们已经提出了一些半监督的神经模型 [Miyato et al., 2016 ； Xu et al., 2017]，但是这些模型仍然需要数百甚至数千个标记训练示例，而弱监督情况下则不需要 [Oliver et al., 2018]。此外，还有一些研究执行弱监督文本分类，包括潜在变量模型 [Li et al., 2016] 和基于嵌入的方法 [Li et al., 2018 ； Tang et al., 2015]。现有的模型存在以下局限性：*监督的不灵活性*，这些模型只能处理一种类型的种子信息，要么是一组标记文档，要么是一组与类相关的关键词，这限制了模型的适用性；*种子的敏感性*，用户的“种子监督”完全控制了模型的训练过程，使已学到的模型对初始种子信息非常敏感；*有限的可扩展性*，这些模型特定于潜在变量模型或嵌入方法，无法轻易地应用到基于 CNN 或 RNN 的深度神经模型的学习中。

我们提出了一种新的弱监督文本分类方法 WeSTClass。如图 4.1 所示，WeSTClass 包含两个模块以解决上述问题。第一个模块是伪文档生成器，利用种子信息生成伪文档以作为合成的训练数据。假设词语和文档的表示在同一个语义空间中，我们把每个类的语义建模为高维球形分布 [Fisher, 1953]，并进一步对关键词进行抽样以形成这些类的伪文档。伪文档生成器不仅可以扩展用户指定的种子信息以获取更好的通用性，还能灵活地处理不同类型的种子信息（例如，标签表面名称、与类相关的关键词，或少量标记文档）。

第二个关键模块是自训练模块，该模块拟合真实未标记数据以进行模型优化。首先，自训练模块使用伪文档预训练基于 CNN 或 RNN 的模型以生成初始模型，作为对后续模型进行优化的起点。然后，该模块利用自训练方法在真实未标记文档上迭代地进行预测，并使用高置信度预测来优化神经模型。

以下是本章的概述。

1. 我们设计了 WeSTClass 方法来解决神经文本分类的标签稀缺问题。据我们所知，WeSTClass 是第一个能够应用于大多数现有神经模型，并且能够处理不同类型种子信息的弱监督文本分类方法。

2. 我们提出了一个新的伪文档生成器，对类语义进行建模以形成一个球形分布。伪文档生成器能够生成与每一个类高度相关的伪文档，并且有效地扩展用户提供的种子信息以实现更好的通用性。

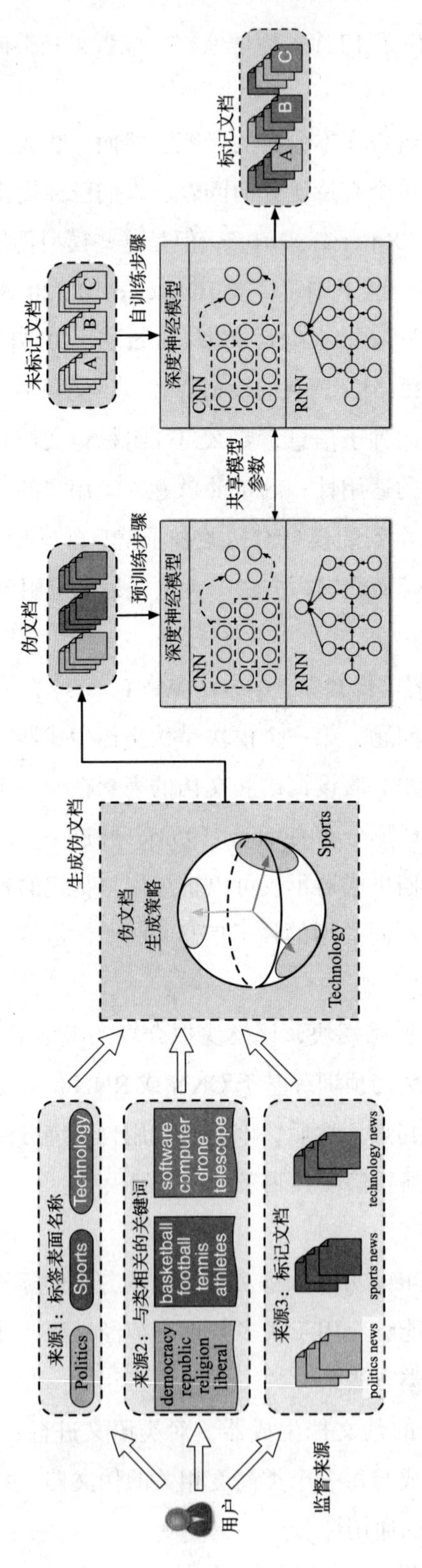

图 4.1　WeSTClass 包含两个关键模块：伪文档生成器，它利用种子信息生成伪标签文档以进行模型的预训练；自训练模块，它引导真实的未标记数据进行模型优化

3. 我们提出了一个自训练算法，利用伪文档训练深度神经模型。自训练算法可以迭代地引导未标记的数据训练以获得高质量的深度神经模型，且该模型能够集成到基于 CNN 或基于 RNN 的模型中。

4. 我们在不同领域的三个真实数据集上对提出的方法进行了全面评估。实验结果表明，即使是在没有足够训练数据的情况下，我们的方法也能获得令人满意的文本分类性能，并且优于各种不同的基线方法。

4.2 相关工作

在本节中，我们将回顾现有的一些关于弱监督文本分类的研究工作，分为两类：潜在变量模型；基于嵌入的模型。

4.2.1 潜在变量模型

现有的一些用于弱监督文本分类的潜在变量模型主要通过结合用户提供的种子信息来扩展主题模型。具体而言，半监督 PLSA[Lu and Zhai, 2008] 结合基于专家评论片段（主题关键词或短语）的共轭先验来扩展经典 PLSA 模型，以使已提取的主题与所提供的评论片段保持一致。Ganchev 等 [2010] 在潜在变量概率模型的后验约束下对先验知识和间接监督进行编码。描述性 LDA[Chen et al., 2015] 使用一个 LDA 模型作为描述器，从给定的类别标签和描述中推断 Dirichlet 先验。Dirichlet 先验指导 LDA 产生类别感知的主题。种子导向主题模型 [Li et al., 2016] 获取较小的一组与类别语义相关的种子词语，然后通过两种主题（类别主题和一般主题）的影响力来预测文档的类别标签。文档的标签基于后验类别 - 主题分配推断得到。我们的方法与这些潜在变量模型不同，它是一个弱监督的神经模型。与潜在变量模型相比，我们的方法具有两个优势：它能够更灵活地处理不同类型的种子信息，这些种子信息可以是一组标记文档，或者是与每个类相关的一组关键词；它不需要假设文档 - 主题分布或主题 - 关键词分布，只需要直接使用大量数据学习分布式表示来捕获文本语义。

4.2.2 基于嵌入的模型

基于嵌入的弱监督模型使用种子信息来推导文档的向量化表示和文本分类任务的标签名称。无数据分类 [Chang et al., 2008 ；Song and Roth, 2014] 获取类别名称，并将每个词和文档映射到相同的Wikipedia概念的语义空间中。每个类别都使用类别标签中的词来表示。文档分类通过使用显式语义分析 [Gabrilovich and Markovitch, 2007]，根据一个文档和一个类别的向量相似度来实现。无监督神经分类 [Li et al., 2018] 以类别名称作为输入，并使用级联嵌入方法：首先将种子类别名称和其他重要短语（概念）嵌入向量以捕获概念语义，然后将概念嵌入一个隐式分类空间，以明确类别信息。预测性文本嵌入 [Tang et al., 2015] 是一种半监督算法，利用标记和未标记的文档来学习特定任务的文本嵌入。标记数据和不同级别的单词的共现信息首先被表示为大规模的异构文本网络，然后被嵌入保留了单词和文档语义相似性的低维空间。使用一对多的逻辑回归模型作为分类器进行分类，将已学的嵌入作为输入。与我们的方法相比，这些基于嵌入的弱监督方法无法直接应用于文本分类任务的深层神经模型（CNN、RNN）。此外，虽然这些方法允许种子信息直接控制模型训练过程，但是我们提出了一种从种子信息中生成伪文档的范式。因此，我们的模型不容易出现种子信息的过拟合，具有更好的泛化能力。

4.3　准备工作

在本节中，我们给出弱监督文本分类的问题定义，并概述我们提出的方法。

4.3.1　问题定义

给定一个文本集合 $\mathcal{D}=\{D_1, \cdots, D_n\}$ 和 m 个目标类别集合 $\mathcal{C}=\{C_1, \cdots, C_m\}$，文本分类旨在为每个文档 $D_i \in \mathcal{D}$ 分配一个类别标签 $C_j \in \mathcal{C}$。为了表征每个类别，传统的监督文本分类方法依赖于大量的标记文档。在本章中，我们重点关注弱监督的文本分类，其中监督信号可能来自以下几个方面：标签表面名称（label surface name）：$\mathcal{L}=\{L_j\}|_{j=1}^m$，其中 L_j 是类 C_j 的表面名称；与类相关的关键词（class-related keyword）：$\mathcal{S}=\{S_j\}|_{j=1}^m$，其中 $S_j=\{w_{j,1},\cdots,w_{j,k}\}$ 表示类 C_j 中的一组（k 个）关键词；标记文档（labeled document）：$\mathcal{D}^L=\{\mathcal{D}_j^L\}|_{j=1}^m$，其中 $\mathcal{D}_j^L=\{D_{j,1},\cdots,D_{j,l}\}$ 表示一个类 C_j 中的 $l(l \ll n)$ 个标记文档。在许多场景中，上述弱监督信号能够简单地由用户提供。最后，我们将问题定义如下。

定义 4.1　问题定义　给定一个文本集合 $\mathcal{D}=\{D_1,\cdots,D_n\}$、目标类别集合 $\mathcal{C}=\{C_1,\cdots,C_m\}$，以及来自 $\mathcal{L}$、$\mathcal{S}$ 或 $\mathcal{D}^L$ 的弱监督，弱监督文本分类任务的目标是为每一个文档 $D_i \in \mathcal{D}$ 分配一个类别标签 $C_j \in \mathcal{C}$。

4.3.2　方法概述

我们提出的弱监督文本分类方法包含两个关键模块。第一个关键模块是伪文档生成器，用来整合种子信息并输出伪文档以进行模型训练。我们假设单词和文档共享一个联合语义空间，该空间能够灵活地处理不同类型的种子信息。然后，我们将每个类建模为高维球形分布，并从中抽取关键词以形成伪文档作为训练数据。第二个关键模块是自训练模块，它可以容易地集成到现有的基于 CNN 或 RNN 的深度神经模型中。该模块先使用已生成的伪文档预训练神经模型，为后续建模的训练提供一个好的初始模型。然后使用未标记的真实数据，基于模型的高置信度预测，通过一个自训练程序迭代地优化神经模型。图 4.1 展示了弱监督文本分类方法的整个过程。

4.4　伪文档生成

在本节中，我们详细介绍伪文档生成器，它利用种子信息来生成一组与每个类相关的伪文档。下面，我们首先介绍如何通过单词和文档在一个联合语义空间中对类分布进行建模，然后介绍伪文档的生成过程。

4.4.1　建模类分布

为了有效地利用用户提供的种子信息，并捕获单词、文档和类之间的语义相关性，我们假设单词和文档共享一个联合语义空间，我们将在这个空间中为每一个类学习一个生成模型以生成伪文档。

具体而言，我们首先使用 Skip-Gram 模型 [Mikolov et al., 2013] 来学习语料库中所有单词的 p 维向量表示。此外，由于向量之间的方向相似度能够更有效地捕获语义相关性 [Banerjee et al., 2005 ； Levy et al., 2015 ； Sra, 2016]，因此，我们对所有 p 维词嵌入进行归一化处理，使其落在联合语义空间 $\mathbb{R}^p$ 的一个单位球面上。我们将其称为“联合”，是因为我们假设伪文档向量也落在同一个单位球面上，我们将在 4.4.2 节中进行介绍。我们基于种子信息在语义空间中检索出与每个类相关的一组关键词。下面我们介绍如何处理不同类型的种子信息。

- **标签表面名称：** 当只提供标签表面名称 $\mathcal{L}$ 作为种子信息时，对于每个类 j，使用其表面名称 L_j 的嵌入在语义空间中检索 top-t 最相近的词。设 t 是使得不同类别不具有相同单词的最大值。

- **与类相关的关键词**：当用户只为每个类 j 提供一组相关关键词 S_j 时，使用这些种子关键词的嵌入计算其平均相似度，以在语义空间中找出 top-t 关键词。
- **标记文档**：当用户只提供少量与类 j 相关的文档 $\mathcal{D}_j^L$ 时，首先使用 TF-IDF 权重提取 $\mathcal{D}_j^L$ 中的 t 个代表性关键词，然后将其视为与类相关的关键词。

在得到与每个类相关的一组关键词之后，我们将每个类的语义建模为 von Mises-Fisher（vMF）分布 [Banerjee et al., 2005 ；Gopal and Yang, 2014]，该分布在 $\mathbb{R}^p$ 的一个单位球面上对词嵌入进行建模，并已被证明对不同任务都有效 [Batmanghelich et al., 2016 ；Zhang et al., 2017a]。具体而言，我们对一个类的概率分布定义如下：

$$f(\boldsymbol{x};\boldsymbol{\mu},\kappa)=c_p(\kappa)\mathrm{e}^{\kappa\boldsymbol{\mu}^{\mathrm{T}}\boldsymbol{x}}$$

其中，$\kappa \geqslant 0$，$\|\boldsymbol{\mu}\|=1$，$p \geqslant 2$，归一化常数 $c_p(\kappa)$ 定义如下：

$$c_p(\kappa)=\frac{\kappa^{\frac{p}{2}-1}}{(2\pi)^{\frac{p}{2}}I_{\frac{p}{2}-1}(\kappa)}$$

其中，$I_r(\cdot)$ 表示第 r 阶的第一类修正 Bessel 函数。我们选择 vMF 分布的原因如下：vMF 分布具有两个参数——平均方向 $\boldsymbol{\mu}$ 和集中度参数 κ。一个特定类的关键词在单位球面上的分布集中在平均方向 $\boldsymbol{\mu}$ 附近，κ 的值较大，就更集中。直观地，平均方向 $\boldsymbol{\mu}$ 表示单位球面上的语义焦点，并在周围产生相关语义嵌入，其集中程度由参数 κ 控制。

现在，我们已经通过种子信息获取了单位球面上每一个类的一组关键词，接下来可以使用这些相关的关键词拟合 vMF 分布 $f(\boldsymbol{x};\boldsymbol{\mu},\kappa)$。具体而言，令 X 为单位球面上关键词的一组向量，即

$$X=\{\boldsymbol{x}_i\in\mathbb{R}^p \mid \text{从 } f(\boldsymbol{x};\boldsymbol{\mu},\kappa) \text{ 提取 } \boldsymbol{x}_i,\ 1\leqslant i\leqslant t\}$$

然后，使用最大似然估计 [Banerjee et al., 2005] 找出 vMF 分布的参数 $\hat{\boldsymbol{\mu}}$ 和 $\hat{\kappa}$。

$$\hat{\boldsymbol{\mu}}=\frac{\sum_{i=1}^{t}\boldsymbol{x}_i}{\left\|\sum_{i=1}^{t}\boldsymbol{x}_i\right\|}$$

$$\frac{I_{\frac{p}{2}}(\hat{\kappa})}{I_{\frac{p}{2}-1}(\hat{\kappa})}=\frac{\left\|\sum_{i=1}^{t}\boldsymbol{x}_i\right\|}{t}$$

$\hat{\kappa}$ 没有解析解，因为该等式包含一个 Bessel 函数比值的隐式方程式。因此，我们使用基于牛顿方法的数值程序 [Banerjee et al., 2005] 来推导 $\hat{\kappa}$ 的近似解。

4.4.2　生成伪文档

为了生成类 j 的一个伪文档 D_i^*（我们用 D_i^* 而不是 D_i 来表示它是一个伪文档），我们提出了一个基于类 j 的分布 $f(\boldsymbol{x};\boldsymbol{\mu}_j,\kappa_j)$ 的生成混合模型。混合模型重复生成一组词以生成一个伪文档。在生成一个词时，模型分别以概率 $\alpha(0<\alpha<1)$ 和概率 $1-\alpha$ 从背景分布和特定类分布中进行选择。

特定类分布是基于类 j 的分布 $f(\boldsymbol{x};\boldsymbol{\mu}_j,\kappa_j)$ 来定义的。特别地，我们先从 $f(\boldsymbol{x};\boldsymbol{\mu}_j,\kappa_j)$ 中抽取一个文档向量 $\boldsymbol{d}_i$，然后为其建立一个关键词词汇表 V_{d_i}，其中包含与 $\boldsymbol{d}_i$ 具有最相似的词嵌入的 top-γ 个词。V_{d_i} 中的 γ 个词与伪文档 D_i^* 的主题在语义上高度相似，且频繁出现在 D_i^* 中。伪文档的每个词语都是根据以下概率分布生成的：

$$p(w|\boldsymbol{d}_i)=\begin{cases}\alpha p_B(w) & w\notin V_{d_i}\\ \alpha p_B(w)+(1-\alpha)\dfrac{\exp(\boldsymbol{d}_i^{\mathrm{T}}\boldsymbol{v}_w)}{\sum\limits_{w'\in V_{d_i}}\exp(\boldsymbol{d}_i^{\mathrm{T}}\boldsymbol{v}_{w'})} & w\in V_{d_i}\end{cases}\tag{4.1}$$

其中，$\boldsymbol{v}_w$ 是 w 的词嵌入，$p_B(w)$ 是整个语料库的背景分布。

值得注意的是，我们是从 $f(\boldsymbol{x};\boldsymbol{\mu}_j,\kappa_j)$ 中生成文档向量，而不是将其设定为 $\boldsymbol{\mu}_j$。这是因为一些类（例如，体育）可能涵盖广泛的主题（例如，运动员活动、体育比赛等），如果使用 $\boldsymbol{\mu}_j$ 作为伪文档向量，则只能吸引那些与类的中心方向语义相似的词。而从分布中抽取伪文档向量使其在语义上更多样化，且包含更多与类相关的信息。因此，基于更多样化的伪文档来训练的模型往往具有更好的泛化能力。

算法 4.1 给出了为每个类生成 β 个伪文档的整个过程。对于每一个类 j，给定已学习好的类分布和伪文档的平均长度 dl[㊀]，我们可以从类 j 的分布 $f(\boldsymbol{x};\boldsymbol{\mu}_j,\kappa_j)$ 中得到一个文档向量 $\boldsymbol{d}_i$。然后，基于 $\boldsymbol{d}_i$ 顺序地生成 dl 个词语，并将生成的文档添加到类 j 的伪文档集 $\mathcal{D}_j^*$ 中。重复上述过程 β 次，最终获得类 j 的一个包含 β 个伪文档的

㊀ 伪文档的长度可以手工设置，也可以设为真实文档集合的平均文档长度。

伪文档集 $\mathcal{D}_j^*$。

算法 4.1 伪文档生成

输入：分类分布$\{f(\boldsymbol{x};\boldsymbol{\mu}_j,\kappa_j)\}|_{j=1}^{m}$；平均文档长度 dl；为每个类生成的伪文档数量 β。
输出：一组 $m\times\beta$ 的伪文档集 $\mathcal{D}^*$。

```
Initialize D* ← ∅
for class index j from 1 to m do
  Initialize D_j* ← ∅
  for pseudo-document index i from 1 to β do
    Sample document vector d_i from f(x; μ_j, κ_j)
    D_i* ← empty string
    for word index k from 1 to dl do
      Sample word w_{i,k} ~ p(w | d_i) based on Equation (4.1)
      D_i* = D_i* ⊕ w_{i,k} // concatenate w_{i,k} after D_i*
    end for
    D*.append(D_i*)
  end for
  D* ← D* ∪ D_j*
end for
Return D*
```

4.5 自训练的神经模型

在本节中，我们介绍自训练模块，该模块利用已生成的伪文档来训练深度神经模型。自训练模块首先使用伪文档预训练一个深度神经网络，然后以自举的方式迭代地在真实未标记文档上对已训练得到的模型进行优化。接下来，我们先在 4.5.1 节和 4.5.2 节中分别介绍预训练和自训练的步骤，然后在 4.5.3 节中介绍如何使用 CNN 和 RNN 模型对该框架实例化。

4.5.1 神经模型预训练

在获取了每个类的伪文档之后，我们用这些伪文档来预训练一个神经网络 M[⊖]。创建伪文档 D_i^* 的标签的一个简单方法是直接使用生成 D_i^* 的关联类标签，例如使用热编码，其中生成类的值为 1，其他类的值为 0。但是这种简单的策略往往会造成神经模型对伪文档过拟合的情况，并且在真实文档的分类上性能不佳，因为已生成的伪文档不包含词序信息。为了解决这个问题，我们为伪文档创建伪标签。在式（4.1）中，我们结合背景分布和特定于类的词分布来设计伪文档，且引入平衡参数 α 进行控制。因此，我们设计了以下程序来生成伪标签：将背景分布的部分均

⊖ 如果监督源是**标记文档**，则在预训练环节将使用这些种子文档来扩充伪文档集。

匀地划分到所有 m 个类中，并将伪文档 D_i^* 的伪标签 $\boldsymbol{l}_i$ 设置为

$$l_{ij}=\begin{cases}(1-\alpha)+\alpha/m & \text{从类}\ j\ \text{生成}\ D_i^* \\ \alpha/m & \text{其他}\end{cases}$$

在创建伪标签后，为每一个类生成 β 个伪文档以预训练一个神经模型 M，并最小化神经网络输出 Y 到伪标签 L 的 KL 发散损失，即

$$\text{loss}=\text{KL}(L\|Y)\sum_i\sum_j l_{ij}\log\frac{l_{ij}}{y_{ij}}$$

我们将在 4.5.3 节中详细介绍如何实例化神经模型 M。

4.5.2 神经模型自训练

尽管预训练环节生成了一个初始神经模型 M，但是 M 的性能并不是最佳的，主要是因为预训练模型 M 仅使用了伪文档集，而没有充分使用真实未标记文档中的信息。自训练环节就是用来解决上述问题的。自训练 [Nigam and Ghani, 2000 ; Rosenberg et al., 2005] 是经典半监督学习场景中的一种常见策略，其背后的原理是先使用标记数据训练模型，再使用当前高置信度的预测来辅助学习模型。

执行完预训练步骤之后，我们使用预训练模型对语料库中所有未标记文档进行分类，然后使用自训练策略来改进当前预测。在自训练过程中，我们基于当前预测迭代地计算伪标签，并使用伪标签训练神经网络以优化模型参数。给定当前输出 Y，使用与 Xie 等 [2016] 使用的公式相同的自训练公式来计算伪标签：

$$l_{ij}=\frac{y_{ij}^2/f_j}{\sum_{j'}y_{ij}^2/f_{j'}}$$

其中，$f_j=\sum_i y_{ij}$ 是类 j 的软频率。

自训练是通过迭代地计算伪标签和最小化当前预测 Y 到伪标签 L 的 KL 散度损失来实现的。当语料库中少于 $\delta\%$ 的文档需要变更类别分配时，该过程终止。

尽管预训练和自训练都会生成伪标签，并且被用来训练神经模型，但是这两个模块是有区别的：在预训练中，伪标签与已生成的伪文档配对，以此将其与给定的标记文档（如果给定的话）进行区分，并防止神经模型对伪文档过拟合；在自训练中，伪标签与语料库中所有未标记的真实文档配对，并反映当前的高置信度预测。

4.5.3 基于 CNN 和 RNN 的实例化

如上所述，我们的文本分类方法对大多数已有的深度神经模型是通用的。在本节中，我们通过两个主流的深度神经网络模型（CNN 和 RNN）对框架进行实例化，重点关注如何将这些模型用于学习文档表示和分类。

基于 CNN 的模型

CNN 模型已经被应用到文本分类 [Kim, 2014] 中。当使用 CNN 对我们的框架进行实例化时，输入为一个长度为 dl 的文档，其表示为一组词向量的连接，即

$$\boldsymbol{d}=\boldsymbol{x}_1 \oplus \boldsymbol{x}_2 \oplus \cdots \oplus \boldsymbol{x}_{\mathrm{dl}}$$

其中，$\boldsymbol{x}_i \in \mathbb{R}^p$ 是文档中第 i 个词的 p 维词向量。用 $\boldsymbol{x}_{i:i+j}$ 表示词向量 $\boldsymbol{x}_i$, $\boldsymbol{x}_{i+1}$, …, $\boldsymbol{x}_{i+j}$ 的连接。对于窗口大小 h，一个特征 c_i 是从词向量 $\boldsymbol{x}_{i:i+h-1}$ 的一个窗口通过卷积运算生成的：

$$c_i=f(\boldsymbol{w} \cdot \boldsymbol{x}_{i:i+h-1}+b)$$

其中，$b \in \mathbb{R}$ 是偏置项，$\boldsymbol{w} \in \mathbb{R}^{hp}$ 用来对 h 个词进行过滤。对于词语的每一个可能大小为 h 的窗口，其特征图生成如下：

$$\boldsymbol{c}=[c_1, c_2, \cdots, c_{\mathrm{dl}-h+1}]$$

在 $\boldsymbol{c}$ 上执行 max-over-time 池化操作，输出最大值 $\hat{c}=\max(\boldsymbol{c})$ 作为与该特定过滤器相对应的特征。如果我们使用多个过滤器，则得到多个特征，这些特征通过一个全连接 softmax 层进行传递，softmax 层的输出是标签上的概率分布。

基于 RNN 的模型

除了 CNN 模型之外，我们还介绍如何通过 RNN 模型对框架进行实例化。我们选择层次注意力网络（Hierarchical Attention Network，HAN）[Yang et al., 2016] 作为基于 RNN 的示例模型。HAN 由单词和句子的序列编码器和注意力层组成。在本书中，输入的文档由一组句子 $s_i(i \in [1, L])$ 表示，且每个句子由一组单词 w_{it} $(t \in [1, T])$ 表示。在 t 时刻，GRU [Bahdanau et al., 2014] 计算新状态为

$$\boldsymbol{h}_t=(\mathbf{1}-z_t) \odot \boldsymbol{h}_{t-1}+z_t \odot \tilde{\boldsymbol{h}}_t$$

其中，更新门向量

$$z_t=\sigma(W_z \boldsymbol{x}_t+U_z \boldsymbol{h}_{t-1}+\boldsymbol{b}_z)$$

候选状态向量

$$\tilde{\boldsymbol{h}}_t=\tanh(W_h \boldsymbol{x}_t+\boldsymbol{r}_t \odot (U_h \boldsymbol{h}_{t-1})+\boldsymbol{b}_h)$$

复位门向量

$$r_t = \sigma(W_r \boldsymbol{x}_t + U_r \boldsymbol{h}_{t-1} + \boldsymbol{b}_r)$$

其中，$\boldsymbol{x}_t$ 是 t 时刻的序列向量（词嵌入或句子向量）。在对单词和句子编码之后，我们还增加了注意力层，以通过注意力机制提取重要的单词和句子，并导出加权平均值作为文档表示。

4.6 实验

在本节中，我们对弱监督文本分类方法的经验性能进行评估。

4.6.1 数据集

我们使用来自不同领域的三个语料库来评估方法的性能：The New York Times（NYT）：我们通过 *New York Times* 的 API[1]抓取了 13 081 条新闻文章，该语料库涵盖了五个主要的新闻主题；AG's News（AG）：我们使用与 Zhang 等 [2015] 使用的相同的 AG's News 数据集，并将训练集部分（120 000 个文档平均分为 4 类）作为语料库进行评估；Yelp Review（Yelp）：我们使用来自 Zhang 等 [2015] 的 Yelp 评论极性数据集，并将其测试集部分（38 000 个文档平均分为 2 类）作为语料库进行评估。

4.6.2 基线

我们将 WeSTClass 与各种基准模型进行比较，如下所述：

- **基于 TF-IDF 的 IR**：该方法将**标签表面名称**或者**与类相关的关键词**作为监督。将每个类的标签名或关键词集作为一个查询，然后使用 TF-IDF 模型对文档与类的相关度进行打分，将具有最高相关度得分的类分配给该文档。
- **主题模型**：该方法将**标签表面名称**或者**与类相关的关键词**作为监督。先在整个语料库上训练 LDA 模型 [Blei et al., 2003b]。给定一个文档，计算观察标签表面名称的可能性，或与类相关的关键词的平均可能性，将可能性最大的类分配给该文档。
- Dataless[2][Chang et al., 2008；Song and Roth, 2014]：该方法只将**标签表面**

[1] http://developer.nytimes.com/。

[2] https://cogcomp.org/page/software_view/Descartes。

名称作为监督。利用 Wikipedia 和显式语义分析 [Gabrilovich and Markovitch, 2007] 来推导标签和文档的向量表示，基于标签和文档的向量相似度来划分最终文档类别。

- UNEC[Li et al., 2018]：该方法将**标签表面名称**作为弱监督，通过学习语料库中的语义和概念的分类属性来对文档进行分类。我们使用这个模型的提出者对其的原始实现。
- PTE[一][Tang et al., 2015]：该方法将**标记文档**作为监督。首先使用标记的和未标记的数据来学习文本嵌入，然后使用逻辑回归模型作为分类器进行文本分类。
- CNN [Kim, 2014]：原始的 CNN 模型是监督文本分类模型，我们将其进行扩展以结合三种类型的监督源。如果提供**标记文档**，则直接在给定的标记文档上训练 CNN 模型，再将其用于所有未标记文档。如果提供**标签表面名称**或**与类相关的关键词**，则先使用上述的基于 TF-IDF 的 IR 方法或主题建模方法（取决于哪一个效果更好）对所有未标记文档进行标记，然后对每个类选择 β 个标记文档来预训练 CNN 模型，再使用 4.5 节提到的自训练模块来获取最终分类器。
- HAN[Yang et al., 2016]：与 CNN 模型类似，扩展初始的 HAN 模型[二]以结合所有三种类型的监督源。
- NoST-（CNN/HAN）：一种不包含自训练模块的 WeSTClass 变体，即在通过伪文档预训练 CNN 模型或 HAN 模型之后，直接使用模型对未标记文档进行分类。
- WeSTClass-（CNN/HAN）：我们提出的完整框架，同时包含了伪文档生成器和自训练模块。

4.6.3　实验设计

下面，我们首先介绍参数设置。对于所有数据集，我们使用 Skip-Gram 模型 [Mikolov et al., 2013] 在相应的语料库上训练 100 维的词嵌入。设背景词分布权重 $\alpha=0.2$，每个类用于预训练的伪文档数量 $\beta=500$，特定于类的词汇表规模 $\gamma=50$，自训练终止准则 $\delta=0.1$。

[一] https://github.com/mnqu/PTE。
[二] https://github.com/richliao/textClassifier。

我们将框架应用在两类文本分类神经模型上：CNN 模型，其过滤器窗口大小为 2、3、4、5，其中每个窗口有 20 个特征图；HAN 模型，使用一个 100 维的前向 GRU 对单词和句子进行编码。使用批次大小为 256 的随机梯度下降（SGD）来执行预训练和自训练步骤。

在不同数据集上使用的弱监督种子信息如下：当监督源是**标签表面名称**时，我们直接使用所有类的标签表面名称；当监督源是**与类相关的关键词**时，我们手工选择三个不包含任意类标签名的关键词，已选的关键词如表 4.1 所示，我们将在 4.6.6 节中评估模型对种子关键词选择的敏感性；当监督源是**标记文档**时，我们从语料库中为每个类随机抽取 c 个文档（对于数据集 The New York Tims 和 AG's News，c=10；对于数据集 Yelp Review，c=20），并且将它们作为指定的标记文档。为了降低随机性，重复文档选择过程十次，并给出基于均值和标准差值的性能。

表 4.1　在数据集 NYT、AG 和 Yelp 中提取的种子关键词

数据集	类	关键词列表
NYT	Politics	{democracy, religion, liberal}
	Arts	{music, movie, dance}
	Business	{investment, economy, industry}
	Science	{scientists, biological, computing}
	Sports	{hockey, tennis, basketball}
AG	Politics	{government, military, war}
	Sports	{basketball, football, athletes}
	Business	{stocks, markets, industries}
	Technology	{computer, telescope, software}
AG	Good	{terrific, great, awesome}
	Bad	{horrible, disappointing, subpar}

4.6.4　实验结果

在本节中，我们给出实验结果和实验发现。

文本分类的整体性能

在第一组实验中，我们在三个数据集上对比我们的方法与基线方法的分类性能。并使用 Macro-F1 和 Micro-F1 两个指标来量化不同方法的性能。

如表 4.2 所示，对于不同的弱监督源，我们的框架在三个数据集上的性能优于所有基线方法。具体而言，WeSTClass-CNN 在几乎所有情况下的性能都优于其他方法。WeSTClass-HAN 的性能略差于 WeSTClass-CNN，但是仍然优于其他基线方法。下面我们从几个方面来讨论 WeSTClass 的有效性。

1. 当使用**标记文档**作为监督源时，WeSTClass-CNN 和 WeSTClass-HAN 的标准差值分别小于 CNN 和 HAN 的标准差值。这表明 WeSTClass 可以有效地降低种子敏感度，并提高 CNN 和 HAN 模型的鲁棒性。

2. 当使用**标签表面名称或与类相关的关键词**作为监督源时，WeSTClass-CNN 和 WeSTClass-HAN 分别优于 CNN 和 HAN。这表明使用已生成的伪文档进行预训练，比使用基于 TF-IDF 的 IR 或主题建模方法得到的标记文档进行预训练，能够得到一个更好的初始神经模型。

3. WeSTClass-CNN 和 WeSTClass-HAN 在各方面都分别优于 NoST-CNN 和 NoSTHAN。值得注意的是，WeSTClass-CNN/WeSTClass-HAN 和 NoST-CNN/NoSTHAN 的区别在于，后者不包含自训练模块。这表明了自训练模块的有效性。

自训练模块的影响

在这组实验中，我们进行了更多实验来研究 WeSTClass 中自训练模块的效果，即随着迭代次数的增加探索不同模型的性能。实验结果如图 4.2 所示，我们可以看到自训练模块在执行预训练步骤之后能够有效地提高模型性能。我们还可以看到，当监督源为标记文档时，自训练模块往往性能最低。这可能是因为当给定标记文档时，我们同时使用伪文档和已提供的标记文档进行神经模型预训练，这种混合训练与只使用伪文档相比，往往能得到更好的初始模型，因此，自训练的改进空间就大大减少了。

标记文档数量的影响

当使用标记文档作为监督时，这组设置类似于半监督学习，但标记文档数量比较有限。在这组实验中，每个类的标记文档数量取不同值，比较五种方法（CNN、HAN、PTE、WeSTClass-CNN 和 WeSTClass-HAN）在 AG’s News 数据集上的性能。同样地，每一种方法都在不同数量的标记文档上运行十次，图 4.3 给出了标准差（表示为误差线）的平均值。我们从图中可以看到，当标记文档数量较多时，五种方法的性能相当。然而，当标记文档数量较少时，PTE、CNN 和 HAN 的性能明显下降，且对种子文档非常敏感。尽管如此，基于 WeSTClass 的模型（尤其是 WeSTClass-CNN）对于不同数量的标记文档都能保持较稳定的性能。由此可见，我们的方法在种子信息数量有限的情况下更具优势，且能达到更好的性能。

表 4.2 所有方法在三个数据集上的 Macro-F1 评分（上表）和 Micro-F1 评分（下表）（Labels、Keywords 和 Docs 分别表示种子监督的类型是标签表面名称、与类相关的关键词、标记文档）

方法	The New York Times			AG's News			Yelp Review		
	Labels	Keywords	Docs	Labels	Keywords	Docs	Labels	Keywords	Docs
IR 与 TF-IDF	0.319	0.509	—	0.187	0.258	—	0.533	0.638	—
Topic Model	0.301	0.253	—	0.496	0.723	—	0.333	0.333	—
Dataless	0.484	—	—	0.688	—	—	0.337	—	—
UNEC	0.690	—	—	0.659	—	—	0.602	—	—
PTE	—	—	0.834 (0.024)	—	—	0.542 (0.029)	—	—	0.658 (0.042)
HAN	0.348	0.534	0.740 (0.059)	0.498	0.621	0.731 (0.029)	0.519	0.631	0.686 (0.046)
CNN	0.338	0.632	0.702 (0.059)	0.758	0.770	0.766 (0.035)	0.523	0.633	0.634 (0.096)
NoST-HAN	0.515	0.213	0.823 (0.035)	0.590	0.727	0.745 (0.038)	0.731	0.338	0.682 (0.090)
NoST-CNN	0.701	0.702	0.833 (0.013)	0.534	0.759	0.759 (0.032)	0.639	0.740	0.717 (0.058)
WeSTClass-HAN	0.754	0.640	0.832 (0.029)	0.816	0.820	0.782 (0.028)	**0.769**	0.736	0.729 (0.040)
WeSTClass-CNN	**0.830**	**0.837**	**0.835 (0.010)**	**0.822**	**0.821**	**0.839 (0.007)**	0.735	**0.816**	**0.775 (0.037)**

方法	The New York Times			AG's News			Yelp Review		
	Labels	Keywords	Docs	Labels	Keywords	Docs	Labels	Keywords	Docs
IR 与 TF-IDF	0.240	0.346	—	0.292	0.333	—	0.548	0.652	—
Topic Model	0.666	0.623	—	0.584	0.735	—	0.500	0.500	—
Dataless	0.710	—	—	0.699	—	—	0.500	—	—
UNEC	0.810	—	—	0.668	—	—	0.603	—	—
PTE	—	—	0.906 (0.020)	—	—	0.544 (0.031)	—	—	0.674 (0.029)
HAN	0.251	0.595	0.849 (0.038)	0.500	0.619	0.733 (0.029)	0.530	0.643	0.690 (0.042)
CNN	0.246	0.620	0.798 (0.085)	0.759	0.771	0.769 (0.034)	0.534	0.646	0.662 (0.062)
NoST-HAN	0.788	0.676	0.906 (0.021)	0.619	0.736	0.747 (0.037)	0.740	0.502	0.698 (0.066)
NoST-CNN	0.767	0.780	0.908 (0.013)	0.553	0.766	0.765 (0.031)	0.671	0.750	0.725 (0.050)
WeSTClass-HAN	0.901	0.859	0.908 (0.019)	0.816	0.822	0.782 (0.028)	**0.771**	0.737	0.729 (0.040)
WeSTClass-CNN	**0.916**	**0.912**	**0.911 (0.007)**	**0.823**	**0.823**	**0.841 (0.007)**	0.741	**0.816**	**0.776** (0.037)

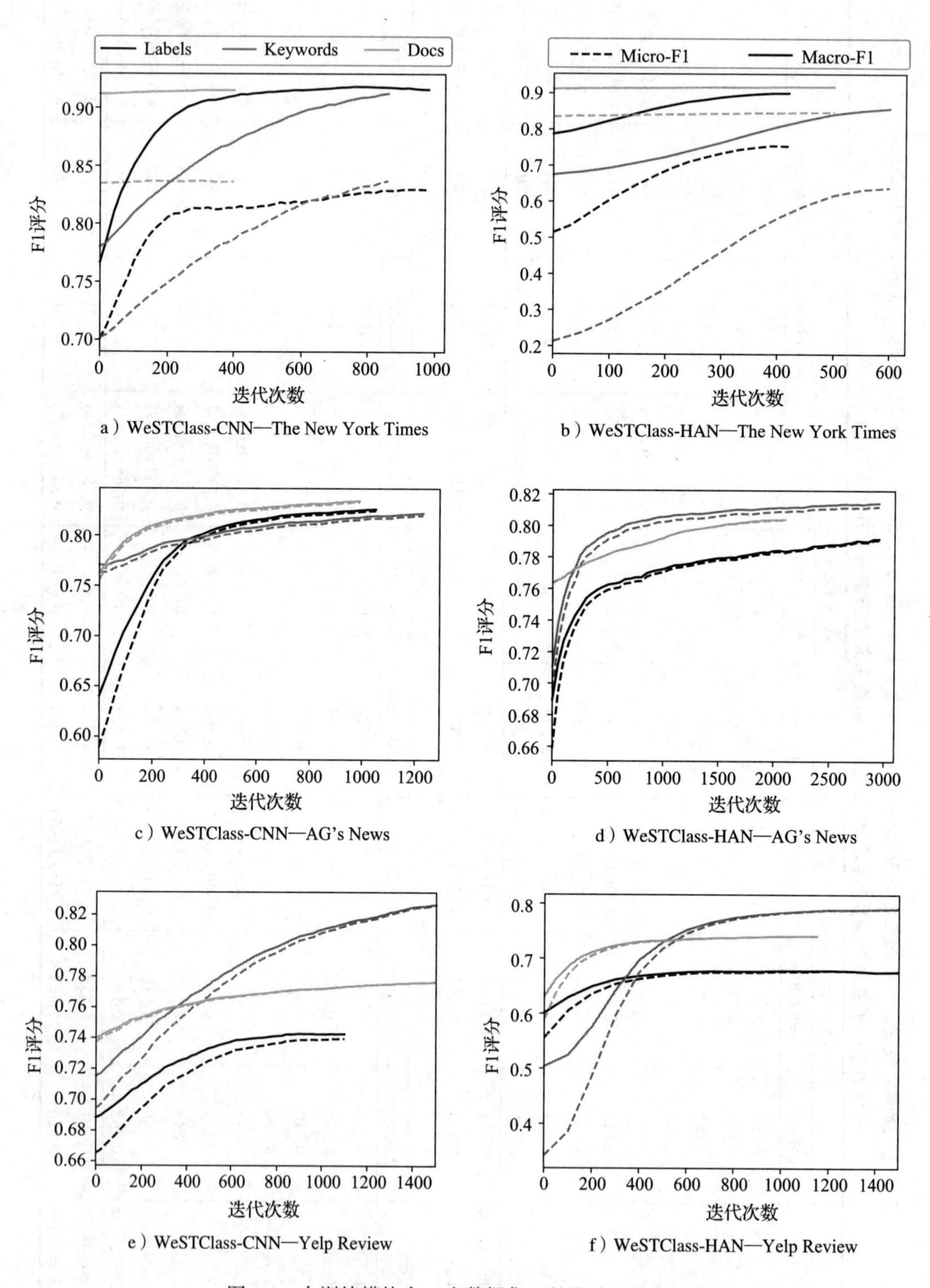

a）WeSTClass-CNN—The New York Times

b）WeSTClass-HAN—The New York Times

c）WeSTClass-CNN—AG's News

d）WeSTClass-HAN—AG's News

e）WeSTClass-CNN—Yelp Review

f）WeSTClass-HAN—Yelp Review

图 4.2　自训练模块在三个数据集上的影响（见彩插）

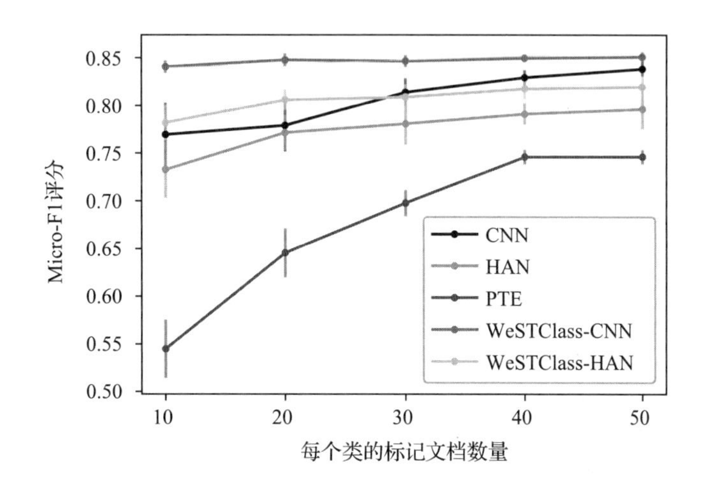

图 4.3　不同方法在 AG's News 数据集上对于不同数量标记文档的性能（见彩插）

4.6.5　参数研究

在本节中，我们研究基于 CNN 和 HAN 模型的 WeSTClass 中不同超参数设置对其性能的影响，包括：背景词分布权重 α；用于预训练的已生成伪文档的数量 β；式（4.1）中关键词词汇表的规模 γ，其中 $\gamma=|V_{d_i}|$。当研究一个参数的影响时，另一个参数取默认值，如 4.6.3 节所述。我们将在 AG's News 数据集上进行所有的参数研究。

背景词分布权重

背景词分布权重 α 同时用于语言模型中的伪文档生成和伪标签计算。当 α 较小时，已生成的伪文档中包含更多与主题相关的词语、更少的背景词，且伪标签更近似于热编码。我们将 α 设为 0 到 1 之间且步长为 0.1 的值。α 的影响如图 4.4 所示。总体上，α 取不同值的性能基本稳定，而当 α 接近 1 时，伪文档和伪标签没有意义：伪文档直接由背景词分布生成，不包含任何与主题相关的信息，且伪标签均匀分布。我们注意到当 $\alpha=1$ 时，使用**标记文档**作为监督源比使用**标签表面名称**和**与类相关的关键词**作为监督源的性能更好。这是因为基于**标记文档**的预训练同时使用了伪文档和标记文档，并且这些标记文档提供了有用的信息。当 α 接近 0 时，其性能比其他两种情况略差，因为伪文档只包含了与主题相关的关键词，而伪标签是热编码的，这样很容易导致模型对于伪文档过拟合且在真实的文档分类上表现更差。

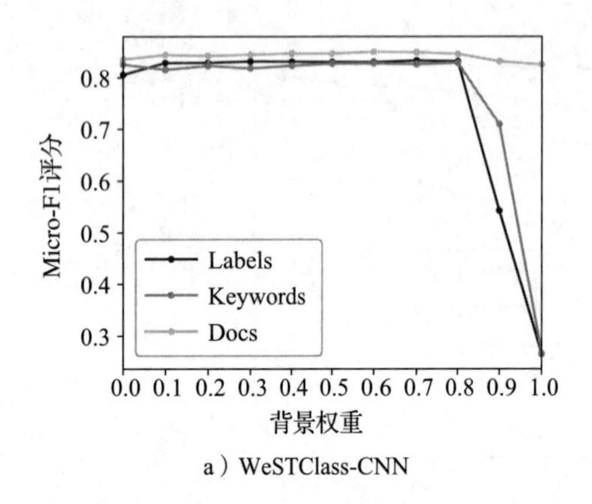

a）WeSTClass-CNN

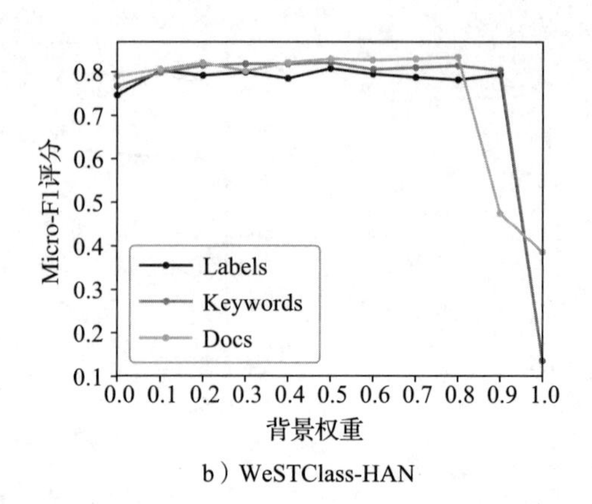

b）WeSTClass-HAN

图 4.4　背景词分布权重 α 的影响

用于预训练的伪文档数量

伪文档数量 β 的影响如图 4.5 所示，从图 4.5 中可以发现：一方面，如果已生成的伪文档数量太少，则伪文档中携带的信息不足以预训练一个好的模型；另一方面，生成太多伪文档将导致预训练过程非常耗时。若为每个类生成的伪文档数量为 500 ～ 1000 个，则在预训练时间和模型性能之间能够达到一个较好的平衡。

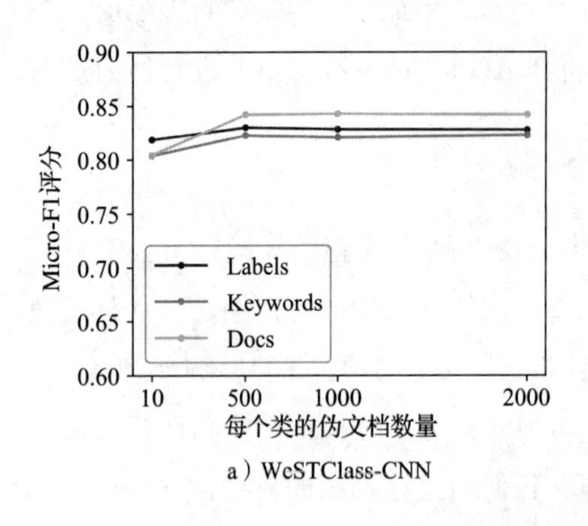

a）WeSTClass-CNN

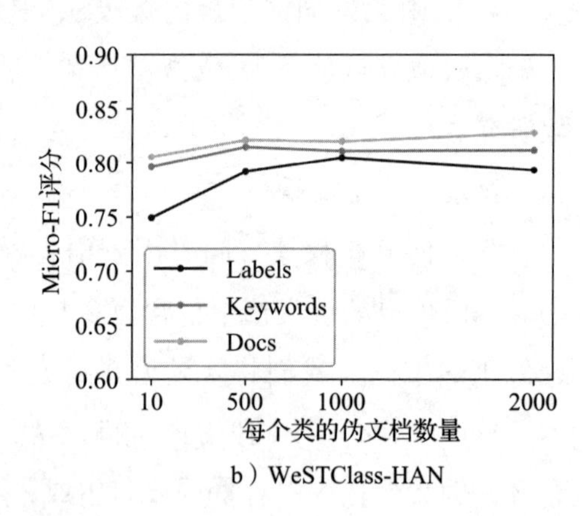

b）WeSTClass-HAN

图 4.5　每个类用于预训练的伪文档数量 β 的影响

关键词词汇表规模

在抽取一个文档向量 $\boldsymbol{d}_i$ 之后，回顾 4.4.2 节中的伪文档生成过程。我们先构造一个关键词词汇表 V_{d_i}，它包含与 $\boldsymbol{d}_i$ 具有最相似词嵌入的 top-γ 个词。关键词词汇表的规模 γ 控制了频繁出现在伪文档中的特殊词的数量。如果 γ 很小，则伪文档中只会出现很少的主题关键词，这会降低预训练模型的泛化能力。如图 4.6 所示，实际

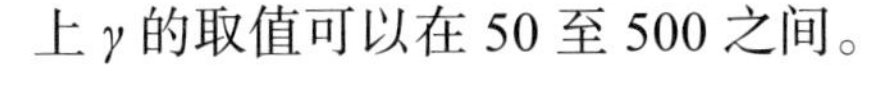
上 γ 的取值可以在 50 至 500 之间。

a）WeSTClass-CNN

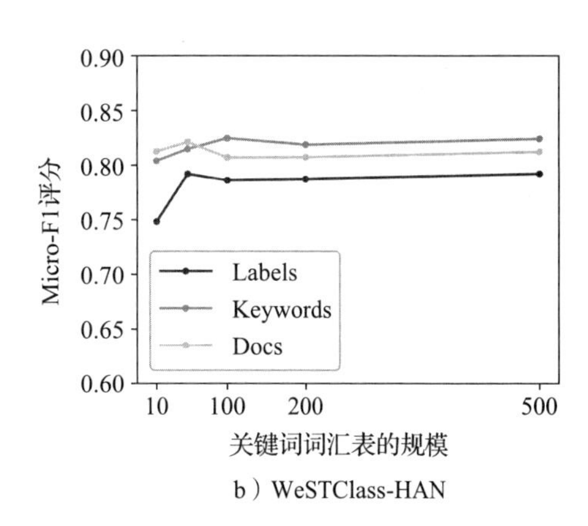

b）WeSTClass-HAN

图 4.6 关键词词汇表规模 γ 的影响

4.6.6 案例研究

在本节中，我们进行一系列案例研究以进一步介绍我们提出的方法的特性。

种子关键词的选择

在第一组案例研究中，我们关注模型对种子关键词选择的敏感度。在 4.6.3 节中，我们手工选出了与类相关的关键词，这样的选择可能是带有主观性的。在这里，我们探讨 WeSTClass-CNN 和 WeSTClass-HAN 对不同种子关键词的敏感度。对于 AG's News 数据集的每个类 j，我们先收集所有属于该类的文档，然后计算类 j 的每个文档中每个词的 TF-IDF 权重，再按 TF-IDF 权重均值从高到低对关键词进行排序，最后基于 TF-IDF 权重均值分别找出排名前 1%（最相关）、5% 和 10% 的关键词形成种子关键词列表，如表 4.3 所示。WeSTClass-CNN 和 WeSTClass-HAN 的性能如图 4.7 所示。对于 TF-IDF 权重均值取前 5% 和 10% 的情况，尽管一些关键词与其相对应的类别语义不完全相关，但是 WeSTClass-CNN 和 WeSTClass-HAN 仍然表现良好，这表明我们提出的框架对不同的种子关键词具有鲁棒性。

表 4.3 按 TF-IDF 权重均值排名的关键词列表

类	1%	5%	10%
Politics	{government, president, minister}	{mediators, criminals, socialist}	{suspending, minor, lawsuits}
Sports	{game, season, team}	{judges, folks, champagne}	{challenging, youngsters, stretches}
Business	{profit, company, sales}	{refunds, organizations, trader}	{winemaker, skilling, manufactured}
Technology	{internet, web, microsoft}	{biologists, virtually, programme}	{demos, microscopic, journals}

自训练纠正错误分类

在第二组案例研究中，我们关注自训练模块如何提升模型性能。图 4.8 展示了基于**标签表面名称**的 WeSTClass-CNN 对 AG's News 数据集上的一个示例文档“ The national competition regulator has elected not to oppose Telstra's 3G radio access network sharing arrangement with rival telco Hutchison”作出的预测。我们注意到该文档在预训练过程之后先被错误分类，但在随后的自训练过程中又得到了纠正。由此表明，神经模型具有自校正能力，通过适当预训练的初始模型和高置信度预测进行学习。

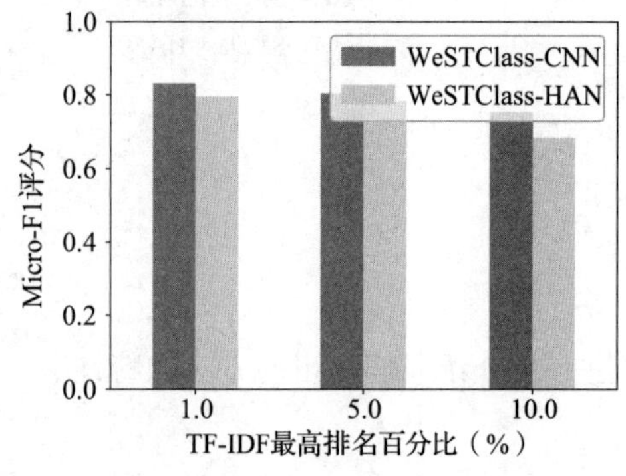

图 4.7　AG's News 数据集在不同种子关键词集合上的性能

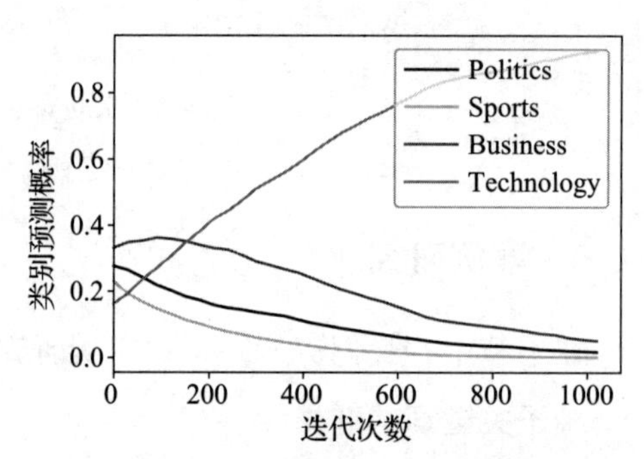

图 4.8　自训练过程中对一个示例文档的类别预测概率

4.7　小结

在本章中，我们介绍了一种基于神经分类器构建的弱监督文本分类方法。它包括：一个伪文档生成器，用于生成伪训练数据；一个自训练模块，在真实未标记数据上引导模型优化。我们的方法有效地解决了现有神经文本分类器缺少标记训练数据的关键瓶颈问题。此外，我们的方法不仅可以灵活地引入不同的弱监督源（类标签表面名称、与类相关的关键词和标记文档），而且足以支持不同的神经模型（CNN 和 RNN）。我们的实验结果也表明了该方法明显优于基线方法，并且对于超参数的不同设置和用户提供的不同类型的种子信息具有很好的鲁棒性。我们在 4.6 节的实验中还有一个有趣的发现，即不同类型的弱监督对神经模型的性能都非常有帮助。在未来，研究如何集成不同类型的种子信息来进一步增强我们的方法的性能是一个非常有趣的方向。

第 5 章

弱监督层次文本分类

Yu Meng，伊利诺伊大学厄巴纳 – 香槟分校

一个文本立方体的维度通常具有分类结构。在将一个文档分配到一个文本立方体中时，我们最希望将文本文档组织成一个分类层次结构，而不是一个水平分类。在本章中，我们将介绍如何将前面提到的弱监督文本分类方法扩展到层次结构，以实现多粒度文档分类。

5.1 概述

层次文本分类旨在将文本文档划分到层次结构的类别中。传统的水平文本分类器（例如，SVM、逻辑回归）已经通过不同形式应用在层次文本分类中。早期的尝试 [Ceci and Malerba, 2006] 忽略了类别之间的关系，并将层次分类任务视为扁平化任务。后来的方法 [Cai and Hofmann, 2004 ； Dumais and Chen, 2000 ； Liu et al., 2005] 训练一组局部分类器，并以自顶向下的方式进行预测，或者设计基于层次结构进行正则化的全局层次损失函数。现有的大多数层次文本分类方法都基于传统的文本分类器。而深度神经网络已在水平文本分类上展现出卓越的性能。与传统分类器相比，深度神经网络 [Kim, 2014 ； Yang et al., 2016] 通过学习分布式表示来捕获文本语义，大大减少了特征工程的工作量。与此同时，这些方法比起传统的分类器提供了更强的表达能力，从而在面对大量的训练数据时也表现出了更好的性能。

受深度神经网络令人满意的特性的启发，我们探索了将深度神经网络应用于层次文本分类的问题。尽管深度神经模型在水平文本分类中取得了成功，并且相较于传统分类器具有优势，但是将其应用于层次文本分类并非一件容易的事情，因为这存在以下两个主要的挑战。第一个主要挑战是，由于缺乏训练数据而无法使

用神经模型。神经模型需要大量的数据，并且需要人工仔细标记大量的文档以获取良好的性能。但是，在许多实际场景中，人工标记文档往往需要领域专业知识，成本太高而难以实现。第二个主要挑战是，判断每个文档在分类层次结构中最合适的层。在层次文本分类中，文档不一定属于叶子节点，将其分配给中间节点可能会更好。然而，现有的深度神经网络无法简单地自动判断一个给定文档的最佳粒度。

我们针对弱监督层次文本分类提出了一种神经方法 WeSHClass，以解决上述两个挑战。WeSHClass 基于深度神经网络创建，但是它只需要少量的弱监督，而非大量的训练数据。这里的弱监督可以是少量的（例如，少于十二个）标记文档，也可以是与类相关的关键词，这些数据都能由用户轻易地提供。为了能够利用弱监督进行有效的分类，我们的方法采用了一种新型的先预训练再精炼的范式。具体而言，在预训练环节，我们利用用户提供的种子为每个类学习一个球形分布，然后在球形分布的指导下通过语言模型来生成伪文档。在精炼环节，我们在真实未标记文档上迭代地引导全局模型，使其从其自身的高置信度预测中进行自学习。

WeSHClass 显式地对类层次结构建模，从而在分类过程中自动判断最合适的层。具体而言，我们在类层次结构中的每个节点上都预训练一个局部分类器，并通过自训练将这些局部分类器合并成一个全局分类器。这个全局分类器通过自顶向下的递归方式进行最终预测。在递归预测中，我们引入了一种新的阻断机制，该机制检查文档在内部节点上的分布，避免强制地将一般性文档向下推送到叶子节点。

以下是对本章内容的概述：

1. 我们设计了一种基于弱监督神经模型的方法用于层次文本分类。WeSHClass 不需要大量的训练文档，只需要简单地提供单词级或者文档级的弱监督。此外，该方法还可以应用到不同类型的分类中（例如，主题、情感）。

2. 我们提出了一个伪文档生成模块，只根据弱监督源来生成高质量的训练文档。已生成的文档作为伪训练数据，以减轻后续自训练环节中的训练数据瓶颈问题。

3. 我们提出了一个层次神经模型结构，反映分类结构及其相应的训练方法，其中包含局部分类器预训练和全局分类器自训练。整个过程是针对层次文本分类而设计的，它结合新的阻断机制，自动地判断每个文档最合适的层。

4. 我们在来自不同领域的三个真实数据集上进行了全面的实验评估，来证明

WeSHClass 的有效性。我们还进行了一些案例研究来了解 WeSHClass 中不同组件的属性。

5.2 相关工作

5.2.1 弱监督文本分类

现有的一些早期研究使用基于单词的监督或少量标记文档作为弱监督源以执行文本分类任务。WeSTClass [Meng et al., 2018] 同时实验了这两种类型的监督源。它采用了与使用伪文档预训练网络类似的程序进行预训练，然后在未标记数据上进行自训练。描述性 LDA[Chen et al., 2015] 使用 LDA 模型从描述类别的关键词中推导 Dirichlet 先验。Dirichlet 先验指导 LDA 从未标记文档中归纳出类别感知主题以进行分类。Ganchev 等 [2010] 提出在潜在变量概率模型的后验约束下，对先验知识和间接监督进行编码。预测性文本嵌入 [Tang et al., 2015] 同时利用标记文档和未标记文档来学习特定于任务的文本嵌入。该方法先将标记数据和单词的共现信息表示为大规模的异构文本网络，然后将其嵌入低维空间，最后将已学到的嵌入输入逻辑回归分类器以进行分类。上述所有方法都不是针对层次分类而设计的。

5.2.2 层次文本分类

目前已经有将 SVM 应用于层次分类方面的研究。Dumais 和 Chen[2000]、Liu 等 [2005] 建议训练局部 SVM 模型来区分同一个父节点下的子类别，以将层次分类任务分解为多个水平分类任务。Cai 和 Hofmann[2004] 定义了层次损失函数，并应用了对成本敏感的学习来泛化 SVM 学习以进行层次分类。Peng 等 [2018] 提出了一种图 CNN 深度学习模型，将文本转换为单词图，以便将图卷积操作用于提取特征。FastXML [Prabhu and Varma, 2014] 是针对超大标签空间而设计的，它学习一个训练实例的层次结构，并在层次结构的每个节点上优化基于排名的目标。上述方法在很大程度上依赖于训练数据的数量和质量以获得良好的性能，而 WeSHClass 不需要太多的训练数据，只需要用户提供弱监督。

无数据层次分类 [Song and Roth, 2014] 使用与类相关的关键词作为类描述，并通过检索 Wikipedia 概念将类和文档映射到相同的语义空间中。通过计算文档和类之间的向量相似度，可以通过自顶向下或自底向上的方式来执行分类。尽管无数据层次分类也不依赖于大量的训练数据，但是其性能在很大程度上受远程监督源（Wikipedia）和给定未标记语料之间文本相似度的影响。

5.3　问题定义

我们研究的层次文本分类包含了树状结构分类类别。具体而言，每个类别最多属于一个父类，且具有任意数量的子类。根据 Silla 和 Freitas [2010] 的论文中的定义，我们考虑非强制性叶子预测，其中文档可以分配给层次结构中的内部类别或叶子类别。

传统的监督文本分类方法依赖于每个类的大量标记文档。在本章中，我们重点关注弱监督文本分类。给定一个分类结构，其表示为一棵树 $\mathcal{T}$，由用户为 $\mathcal{T}$ 中的每个叶子类别提供弱监督源（例如，一些与类相关的关键词或文档）。然后，我们将弱监督源从叶子节点向上传递到根节点，以使每个内部类别的弱监督源是其所有后代叶子类别的弱监督源的集合。具体而言，给定 M 个叶子节点类别，每个类别的监督来自以下途径：

1. 单词级监督（word-level supervision）：$\mathcal{S}=\{S_j\}|_{j=1}^{M}$，其中 $S_j=\{w_{j,1},\cdots,w_{j,k}\}$ 表示 k 个与类 C_j 相关的关键词。

2. 文档级监督（document-level supervision）：$\mathcal{D}^L=\{\mathcal{D}_j^L\}|_{j=1}^{M}$，其中 $\mathcal{D}_j^L=\{D_{j,1},\cdots,D_{j,l}\}$ 表示类 C_j 中的 l（$l \ll$ 语料库大小）个标记文档。

现在我们对层次文本分类问题进行定义。给定一个文本集合 $\mathcal{D}=\{D_1,\cdots,D_N\}$、分类树 $\mathcal{T}$，以及 $\mathcal{T}$ 中每个叶子类别的弱监督 $\mathcal{S}$ 或 $\mathcal{D}^L$，弱监督层级文本分类任务的目标是将最可能的标签 $C_j \in \mathcal{T}$ 分配给每个 $D_i \in \mathcal{D}$，其中 C_j 可能是内部类别或者叶子类别。

5.4　伪文档生成

为了解决缺少足够标记数据以训练模型的问题，我们利用用户给定的弱监督来生成伪文档，这些伪文档用作模型预训练的伪训练数据。在本节中，我们首先介绍如何利用弱监督源在球形空间中对类分布进行建模，然后解释如何基于类分布和语言模型生成特定于类的伪文档。

建模类分布

我们将每个类建模为一个高维球形概率分布，该分布已在各种任务中表现出了有效性 [Zhang et al., 2017a]。我们首先训练 Skip-Gram 模型 [Mikolov et al., 2013]，为语料库中的每个词学习 d 维向量表示。由于向量之间的方向相似度在捕获语义相关性方面更为有效 [Banerjee et al., 2005 ; Levy et al., 2015]，因此，我们对所有 d 维词嵌入进行归一化处理，以使其落在 $\mathbb{R}^d$ 中的单位球面上。对于每个类 $C_j \in \mathcal{T}$，我们在 $\mathbb{R}^d$ 中将类 C_j 的语义建模为一个混合 von Mises-Fisher (movMF) 分布 [Banerjee et al., 2005；Gopal and Yang, 2014]：

$$f(\boldsymbol{x}|\Theta)=\sum_{h=1}^{m}\alpha_h f_h(\boldsymbol{x}|\boldsymbol{\mu}_h,\kappa_h)\sum_{h=1}^{m}\alpha_h c_d\ (\kappa_h)\ \mathrm{e}^{\kappa_h \boldsymbol{\mu}_h^{\mathrm{T}}\boldsymbol{x}}$$

其中，$\Theta=\{\alpha_1,\cdots,\alpha_m,\boldsymbol{\mu}_1,\cdots,\boldsymbol{\mu}_m,\kappa_1,\cdots,\kappa_m\}$，$\forall h\in\{1,\cdots,m\}$，$\kappa_h \geqslant 0$，$\|\boldsymbol{\mu}_h\|=1$，归一化常数 $c_d(\kappa_h)$ 计算如下：

$$c_d(\kappa_h)\frac{\kappa_h^{d/2-1}}{(2\pi)^{d/2}I_{d/2-1}(\kappa_h)}$$

其中，$I_r(\cdot)$ 表示第 r 阶的第一类修正 Bessel 函数。我们在 movMF 中为叶子类别和内部类别选择不同数量的组件。

- 对于每个叶子类 C_j，设 vMF 组件数量 $m=1$，得到的 movMF 分布等效于单个 vMF 分布，其中两个参数（均值方向 $\boldsymbol{\mu}$ 和浓度参数 κ）作为类 C_j 的语义焦点和集中度。
- 对于每个内部类 C_j，设 vMF 组件数量 m 等于其子类别个数。在叶子类别中，我们只要求用户提供弱监督源，并且 C_j 的弱监督源是其子类别监督源的集合。因此，一个父类的语义被视为其子类语义的综合。

在给定的弱监督源下，我们先为每个类检索一组关键词，然后使用已检索的关键词的嵌入向量拟合 movMF 分布。具体而言，检索这组关键词的方式如下：当用户为每一个类 j 提供相关的关键词 S_j 时，我们使用这些种子关键词的平均嵌入找出嵌入空间的 top-n 最相近关键词；当用户提供与类 j 相关的文档 $\mathcal{D}_J^L$，我们使用 TF-IDF 权重从 $\mathcal{D}_J^L$ 中提取 n 个代表性关键词。上述的参数 n 在不引起不同类共享单词的情况下取最大值。与直接使用弱监督信号相比，检索相关关键词以对类分布建模具有平滑效果，这样能够降低我们的模型对弱监督的敏感度。

令 X 为单位球面上已检索到的 n 个关键词的嵌入集，即

$$X=\{\boldsymbol{x}_i \in \mathbb{R}^d \mid 从\ f(\boldsymbol{x}\mid\Theta)\ 中提取\ \boldsymbol{x}_i,\ 1\leqslant i\leqslant n\}$$

我们使用期望最大化（EM）框架 [Banerjee et al., 2005] 来估计 movMF 分布的参数 Θ：

- E-step：

$$p(z_i=h|\boldsymbol{x}_i,\Theta^{(t)})=\frac{\alpha_h^{(t)}f_h(\boldsymbol{x}_i|\boldsymbol{\mu}_h^{(t)},\kappa_h^{(t)})}{\sum_{h'=1}^{m}\alpha_{h'}^{(t)}f_{h'}(\boldsymbol{x}_i|\boldsymbol{\mu}_{h'}^{(t)},\kappa_{h'}^{(t)})}$$

其中，$Z=\{z_1,\cdots,z_n\}$ 是一组隐式随机变量，指示采样位置的特定 vMF 分布；

- M-step：

$$\alpha_h^{(t+1)}=\frac{1}{n}\sum_{i=1}^{n}p(z_i=h|\boldsymbol{x}_i,\Theta^{(t)}),$$

$$\boldsymbol{r}_h^{(t+1)}=\sum_{i=1}^{n}p(z_i=h|\boldsymbol{x}_i,\Theta^{(t)})\boldsymbol{x}_i,$$

$$\boldsymbol{\mu}_h^{(t+1)}=\frac{\boldsymbol{r}_h^{(t+1)}}{\|\boldsymbol{r}_h^{(t+1)}\|},$$

$$\frac{I_{d/2}(\kappa_h^{(t+1)})}{I_{d/2-1}(\kappa_h^{(t+1)})}=\frac{\|\boldsymbol{r}_h^{(t+1)}\|}{\sum_{i=1}^{n}p(z_i=h|\boldsymbol{x}_i,\Theta^{(t)})}$$

这里我们使用基于牛顿方法的近似程序 [Banerjee et al., 2005] 来推导 $\kappa_h^{(t+1)}$ 的近似值，因为隐式方程无法获得一个解析解。

基于语言模型的文档生成

在得到每个类的分布之后，我们使用一个基于 LSTM 的语言模型 [Sundermeyer et al., 2012] 来生成有意义的伪文档。具体而言，我们先在整个语料库上训练一个 LSTM 语言模型。为了生成类 C_j 的一个伪文档，我们从 C_j 的 movMF 分布中抽取一个嵌入向量，并使用嵌入空间中最接近的单词作为序列中的第一个词。然后，我们将当前序列输入 LSTM 语言模型以生成下一个词，并将该词递归地附加到当前序列中[⊖]。由于伪文档的起始单词直接来自类分布，因此，可以确保生成的文档与 C_j 相关。由于混合分布模型的优点，C_j 的每个子类（如果有的话）的语义都有机会被包含在伪文档中，因此，最终训练得到的神经模型具有更好的泛化能力。

5.5　层次分类模型

在本节中，我们介绍弱监督下的层次神经模型及其训练方法。

⊖ 对于长伪文档，我们重复生成多个序列，并将其连接以形成整个文档。

5.5.1　局部分类器预训练

如果类 $C_p \in \mathcal{T}$ 有两个或多个子类别，那么我们将为每个类 C_p 构建一个神经分类器 M_p（M_p 可能是类似于 CNN 或 RNN 的文本分类器）。直观地，分类器 M_p 旨在将分配给 C_p 的文档划分到其子类别中，以得到更精确的预测。对于每个分配给 C_p 的文档 D_i，M_p 的输出为 $p(D_i \in C_c \mid D_i \in C_p)$，表示 D_i 属于类 C_p 的每个子类 C_c 的条件概率。

局部分类器在层次结构中的内部节点上执行局部文本分类，并构建区块以便后续能够集成到一个全局层级分类器中。我们为每个类生成 β 个伪文档，并使用这些伪文档预训练局部分类器，以便为每个局部分类器提供好的初始化，用于后续的自训练环节。为了避免局部分类器对伪文档过拟合以致无法很好地对真实文档进行分类，我们使用的是伪标签，而不是预训练中的热编码。具体而言，我们使用一个超参数 α 来表示伪文档中的“噪声”，并设伪文档 D_i^*（我们使用 D_i^* 代替 D_i 来表示伪文档）的伪标签 $\boldsymbol{l}_i^*$ 为

$$l_{ij}^* = \begin{cases} (1-\alpha)+\dfrac{\alpha}{m} & D_i^* \text{从类 } j \text{ 中生成} \\ \dfrac{\alpha}{m} & \text{其他} \end{cases} \tag{5.1}$$

其中，m 是相应局部分类器上子类的总数。在创建伪标签后，我们使用 C_p 中每个子类的伪文档预训练 C_p 的局部分类器 M_p，这通过最小化从 M_p 的输出 $\mathcal{Y}$ 到伪标签 $\mathcal{L}^*$ 的 KL 散度损失来进行。即，

$$\text{loss} = \text{KL}(\mathcal{L}^* \parallel \mathcal{Y}) = \sum_i \sum_j l_{ij}^* \log \frac{l_{ij}^*}{y_{ij}}$$

5.5.2　全局分类器自训练

在分类结构中的每一个第 k 层，我们都需要网络输出所有类别的概率分布。因此，我们将从根到第 k 层的所有局部分类器集成为一个全局分类器 G_k。集成方法如图 5.1 所示。对父分类器和子分类器的输出结果进行乘积操作，其表示为条件概率分布公式：

$$p(D_i \in C_c) = p(D_i \in C_c \cap D_i \in C_p) = p(D_i \in C_c \mid D_i \in C_p)\, p(D_i \in C_p)$$

其中，D_i 是一个文档，C_c 是 C_p 的一个子类。迭代地使用该公式，就可以得到最

终的预测结果，即从根节点到目标节点的一条路径上所有局部分类器输出结果的乘积。

贪婪的自顶向下分类方法会将错误分类从较高层传递到较低层，并且这样的错误很难得到纠正。然而，我们构建全局分类器的方法是在每层为文档分配软概率，并且最终的类别预测是通过结合考虑所有从根到当前层的分类器的输出结果的乘积来得到的，这样在较高层产生的错误分类在传递到较低层分类器时就有可能得到纠正。

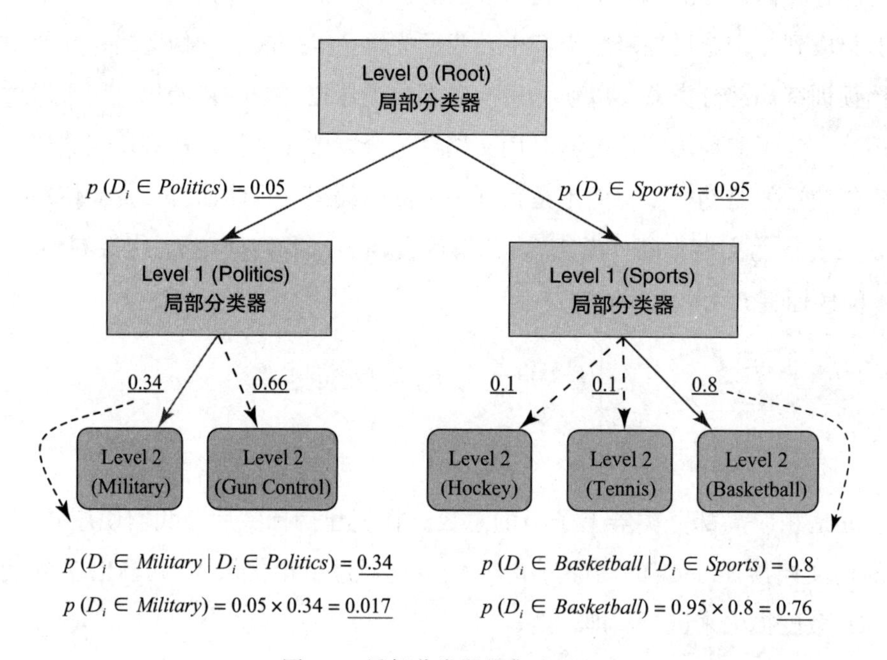

图 5.1　局部分类器的集成过程

在分类结构的每一个第 k 层，我们将从根到第 k 层的所有局部分类器集成为一个全局分类器 G_k，然后在所有未标记真实文档上迭代地预测以不断优化 G_k。具体而言，对于每个未标记文档 D_i，G_k 在第 k 层输出一个属于每个类 j 的 D_i 的概率分布 y_{ij}，我们设伪标签为 [Xie et al., 2016]：

$$l_{ij}^{**} = \frac{y_{ij}^2 / f_j}{\sum_{j'} y_{ij'}^2 / f_{j'}} \tag{5.2}$$

其中，$f_j = \sum_i y_{ij}$ 是类 j 的软频率。

伪标签反映了高置信度的预测，我们使用这些伪标签来指导 G_k 的微调，迭代地执行以下两个步骤：基于 G_k 当前的预测结果 $\mathcal{Y}$ 来计算伪标签 $\mathcal{L}^{**}$；最小化从 $\mathcal{Y}$ 到 $\mathcal{L}^{**}$ 的 KL 散度损失。当语料库中少于 $\delta\%$ 的文档仍需要调整类别时，该过程终止。由于 G_k 是一组局部分类器的集成，因此在自训练中同时对其进行反向传递和微调。我们将在实验部分说明使用全局分类器相较于贪婪方法的优势。

5.5.3 阻断机制

在层次分类中，一些文档应该被分配到内部类别中，这是因为这些文档的内容更接近于一般性主题，而不是更具体的主题，因此在分配的过程中应该在相应的局部分类器上进行阻断，以防止将其进一步传递到子类别中。

当一个文档 D_i 被分配到一个内部类别 C_j 时，我们使用 C_j 的局部分类器的输出结果 $\boldsymbol{q}$ 来判断 D_i 是否应该在当前类别中被阻断：如果 $\boldsymbol{q}$ 近似于热编码向量，则明确表示 D_i 应该被分配到相应的子类别；如果 $\boldsymbol{q}$ 近似于均匀分布，则表示 D_i 与 C_j 的所有子类都相关或无关，因此 D_i 更有可能是一个一般性文档。因此，我们使用归一化熵作为阻断的度量。具体而言，若存在以下情况，则应该阻止 D_i 进一步向下分配给 C_j 的子类别：

$$-\frac{1}{\log m}\sum_{i=1}^{m} q_i \log q_i > \gamma \tag{5.3}$$

其中，$m \geqslant 2$ 是类 C_j 的子类的个数；$0 \leqslant \gamma \leqslant 1$ 是一个阈值，当 $\gamma=1$ 时，表示所有的文档都不会被阻断，且都应该被分配到叶子类别中。

5.5.4 推导

层次分类模型在训练之后可以直接用来对未知的样本进行分类。当对一个未知的文档进行分类时，模型直接输出文档属于分类层次结构中每一层的每个类的概率分布。相似的阻断机制也可以用来判断出文档最适合归属于哪一层。

5.5.5 算法概述

算法 5.1 概述了层次文本分类的整个模型训练过程。如算法所示，整个训练过程是以自顶向下的方式进行的，即从根到目标内部层。在每一层，我们生成伪文档和伪标签来预训练每个局部分类器，然后使用已集成的全局分类器的预测迭代地进行自训练。最后，使用阻断机制来阻止一般性文档向下传递，并将其余的文档分配到下一层。

算法 5.1　整体网络的训练

输入：文本集 $\mathcal{D}=\{D_i\}|_{i=1}^N$；分类树 $\mathcal{T}$；$\mathcal{T}$ 中每一个叶子类别的弱监督 $\mathcal{W}$（$\mathcal{S}$ 或 $\mathcal{D}^L$）。
输出：分类分配 $\mathcal{C}=\{D_i, C_i\}|_{i=1}^N$，其中 $C_i \in \mathcal{T}$ 是针对 D_i 的最具体的类别标签。

Initialize $\mathcal{C} \leftarrow \emptyset$
for $k \leftarrow 0$ to max_level − 1 **do**
　$\mathcal{N} \leftarrow$ all nodes at level k of $\mathcal{T}$
　for *node* $\in \mathcal{N}$ **do**
　　$\mathcal{D}^* \leftarrow$ pseudo-document generation
　　$\mathcal{L}^* \leftarrow$ Equation (5.1)
　　pre-train *node.classifier* with $\mathcal{D}^*, \mathcal{L}^*$
　end for
　$G_k \leftarrow$ ensemble all classifiers from level 0 to k
　while not converged **do**
　　$\mathcal{L}^{**} \leftarrow$ Equation (5.2)
　　self-train G_k with $\mathcal{D}, \mathcal{L}^{**}$
　end while
　$\mathcal{D}_B \leftarrow$ documents blocked based on Equation (5.3)
　$\mathcal{C}_B \leftarrow \mathcal{D}_B$'s current class assignments
　$\mathcal{C} \leftarrow \mathcal{C} \cup (\mathcal{D}_B, \mathcal{C}_B)$
　$\mathcal{D} \leftarrow \mathcal{D} - \mathcal{D}_B$
end for
$\mathcal{C}' \leftarrow \mathcal{D}$'s current class assignments
$\mathcal{C} \leftarrow \mathcal{C} \cup (\mathcal{D}, \mathcal{C}')$
Return $\mathcal{C}$

5.6 实验

5.6.1 实验设计

数据集和评估标准

我们使用来自不同领域的三个语料库来评估所提出的方法的性能。

- The New York Times（NYT）：我们使用 *New York Times* 的 API[㊀] 检索了 13 081 条新闻文章。该新闻语料库涵盖了 5 个超类别和 25 个子类别。
- arXiv：我们从 arXiv 网站[㊁]上抓取论文摘要，并保留只属于一个类别的所有摘要。然后，从 3 个最大超类别中提取出所有子类，包含超过 1000 个文档。最后从 53 个子类别中抽取出 230 105 个摘要。
- Yelp Review：我们使用 Yelp Review Full 数据集 [Zhang et al., 2015] 中的测试数据作为我们的实验数据集。该数据集包含 50 000 个文档，平均分为 5 个子类，对应于 1 ～ 5 颗星的用户评分。我们将 1 颗星和 2 颗星视为“负面”，将 3 颗星视为“中性”，将 4 颗星和 5 颗星视为“正面”，最终得到 3 个超类别。

㊀ http://develper.nytimes.com/。
㊁ https://arxiv.org/。

表 5.1 提供了这三个数据集的统计信息。我们使用 Micro-F1 和 Macro-F1 评分作为分类性能的指标。

表 5.1　数据集统计信息

语料库	类别数量（level 1 + level 2）	文档数量	平均文档长度
NYT	5 + 25	13 081	778
arXiv	3 + 53	230 105	129
Yelp Review	3 + 5	50 000	157

基线

我们将提出的方法和一组基线模型进行比较，基线模型如下：

- Hier-Dataless [Song and Roth, 2014]：无数据层次文本分类[1]只能使用**单词级**的监督源。它在 Wikipedia 文章上使用显式语义分析 [Gabrilovich and Markovitch, 2007] 将类标签和文档嵌入一个语义空间，在语义空间中将最相近的标签分配给每个文档。我们尝试自顶向下和自底向上的方式、有辅助程序和无辅助程序，并最终给出最佳性能。
- Hier-SVM [Dumais and Chen, 2000；Liu et al., 2005]：层次 SVM 只能使用**文档级**的监督源。它根据分类结构分解训练任务，其训练每个局部 SVM 用于区分那些具有共同父节点的兄弟类别。
- CNN [Kim, 2014]：CNN 文本分类模型[2]只能使用**文档级**的监督源。
- WeSTClass [Meng et al., 2018]：弱监督神经文本分类可以使用**单词级**和**文档级**的监督源。它先生成词袋形式的伪文档用于神经模型的预训练，然后自举地对未标记数据进行建模。
- No-global：这是 WeSHClass 的一个变体，不包含全局分类器，即每个文档都以贪婪的方式被推向局部分类器。
- No-vMF：这是 WeSHClass 的一个变体，不使用 movMF 分布对类语义进行建模，即当生成伪文档时，我们从每个类的关键词集中随机选择一个单词作为第一个单词。
- No-self-train：这是 WeSHClass 的一个变体，不包含自训练模块，即在预训练每个局部分类器之后，我们在每一层直接将这些局部分类器集成为一个全局分类器来分类未标记文档。

[1] https://github.com/CogComp/cogcomp-nlp/tree/master/dataless-classifier。

[2] https://github.com/alexander-rakhlin/CNN-for-Sentence-Classification-in-Keras。

参数设置

对所有数据集，使用 Skip-Gram 模型 [Mikolov et al., 2013] 来为 movMF 分布建模和分类器训练 100 维的词嵌入。设伪标签参数为 $\alpha=0.2$，每个类用于预训练的伪文档数量为 $\beta=500$，自训练终止标准 $\delta=0.1$。对于含有一般性文档的 NYT 数据集，设阻断阈值 $\gamma=0.9$，对于其他两个数据集，设 $\gamma=1$。

尽管我们提出的方法可以使用任意神经模型作为局部分类器，但是根据经验，CNN 模型的性能更优于 RNN 模型，如 LSTM [Hochreiter and Schmidhuber, 1997] 和层次注意力网络 [Yang et al., 2016]。因此，我们使用带有一个卷积层的 CNN 模型作为局部分类器来报告我们的方法的性能。具体而言，过滤器窗口大小设为 2、3、4、5，每个窗口都有 20 个特征图。预训练和自训练步骤的执行都使用批次大小为 256 的 SGD。

弱监督设置

我们在三个不同数据集上使用的弱监督种子信息如下：当监督源为**与类相关的关键词**时，我们为每个叶子类别选择三个关键词；当监督源为**标记文档**时，我们从语料库中随机抽取每个叶子类别的 c 个文档（对于 NYT 和 arXiv 数据集，$c=3$；对于 Yelp Review 数据集，$c=10$），并使用这些文档作为标记文档。为了降低随机性，我们的文档选择过程重复执行 10 次，最后给出性能的均值和标准差。

我们给出 NYT 数据集的一些样本类别的关键词监督：Immigration（immigrants，immigration，citizenship）、Dance（ballet，dancers，dancer）和 Environment（climate，wildlife，fish）。

5.6.2　定量比较

表 5.2 展示了所有文本分类的结果。在三个数据集上，WeSHClass 在所有基线方法中性能最优。值得注意的是，当监督源为**与类相关的关键词**时，WeSHClass 的性能优于 Hier-Dataless 和 WeSTClass，这表明 WeSHClass 能够在层次文本分类中更好地利用单词级的监督源。当监督源为**标记文档**时，WeSHClass 相较于监督的基线方法，不仅具有更高的平均性能，也具有更好的稳定性，这表明 WeSHClass 在训练文档有限的情况下也能更好地利用少量的监督获得良好的性能，且对种子文档敏感度更低。

比较 WeSHClass 与 No-global、No-vMF 和 No-self-train，我们观察到了以下组件的有效性：局部分类器的集成；将类别语义建模为 movMF 分布；自训练。表 5.2 中的结果表明所有这些组件都能够有效地提升 WeSHClass 的性能。

表 5.2 两种不同类型的弱监督下所有方法在三个数据集上的 Macro-F1 评分和 Micro-F1 评分

方法	NYT				arXiv				Yelp Review			
	Keywords		Documents		Keywords		Documents		Keywords		Documents	
	Macro	Micro	Macro	Micro	Macro	Micro	Macro	Micro	Macro	Micro	Macro	Micro
Hier-Dataless	0.593	0.811	—	—	0.374	0.594	—	—	0.284	0.312	—	—
Hier-SVM	—	—	0.142 (0.016)	0.469 (**0.012**)	—	—	0.049 (**0.001**)	0.443 (**0.006**)	—	—	0.220 (0.082)	0.310 (0.113)
CNN	—	—	0.165 (0.027)	0.329 (0.097)	—	—	0.124 (0.014)	0.456 (0.023)	—	—	0.306 (0.028)	0.372 (0.028)
WeSTClass	0.386	0.772	0.479 (0.027)	0.728 (0.036)	0.412	0.642	0.264 (0.016)	0.547 (0.009)	0.348	0.389	0.345 (0.027)	0.388 (0.033)
No-global	0.618	0.843	0.520 (0.065)	0.768 (0.100)	0.442	0.673	0.264 (0.020)	0.581 (0.017)	0.391	0.424	0.369 (0.022)	0.403 (0.016)
No-vMF	0.628	0.862	0.527 (0.031)	0.825 (0.032)	0.406	0.665	0.255 (0.015)	0.564 (0.012)	0.410	0.457	0.372 (0.029)	0.407 (0.015)
No-self-train	0.550	0.787	0.491 (0.036)	0.769 (0.039)	0.395	0.635	0.234 (0.013)	0.535 (0.010)	0.362	0.408	0.348 (0.030)	0.382 (0.022)
WeSHClass	**0.632**	**0.874**	**0.532 (0.015)**	**0.827 (0.012)**	**0.452**	**0.692**	**0.279** (0.010)	**0.585** (0.009)	**0.423**	**0.461**	**0.375 (0.021)**	**0.410 (0.014)**

5.6.3 组件评估

在本节中，我们使用**与类相关的关键词**作为弱监督在 NYT 数据集上进行一系列分解实验，以便进一步验证所提出的方法中的不同组件的作用。在另外两个数据集上我们也得到了类似的结果。

伪文档生成

生成的伪文档的质量对于我们的模型至关重要，因为高质量的伪文档可以获得更好的初始化模型。因此，我们有兴趣研究哪一个伪文档生成模型可以为后续的自训练步骤提供最好的初始化模型。我们将提出的文档生成策略（movMF + LSTM 语言模型）与以下两种方法进行比较。

- **词袋** [Meng et al., 2018]：伪文档是由背景一元分布和与类相关的关键词分布混合生成的。
- **词袋 + 重新排序**：我们先使用前面的方法生成词袋形式的伪文档，然后使用已训练的全局 LSTM 语言模型对伪文档进行重新排序，贪婪地将具有最高概率的单词放在当前序列的末尾。第一个单词是随机选择的。

表 5.3 展示了不同方法在 NYT 数据集上生成的类“politics”的伪文档片段。词袋法生成的伪文档不包含单词顺序信息；结合重新排序的词袋方法一开始生成了高质量的文本，但结尾处的质量较差，这可能是因为“合适的”单词在一开始已经被使用，其余的单词都留在了最后。我们的方法能够生成高质量的文本。

表 5.3 NYT 数据集的“politics”类的已生成的伪文档片段

文档序号	词袋	词袋 + 重新排序	movMF + LSTM 语言模型
1	he's cup abortion bars have pointed use of lawsuits involving smoothen bettors rights in the federal exchange, limewire . . .	the clinicians pianists said that the legalizing of the profiling of the . . . abortion abortion abortion identification abortions . . .	abortion rights is often over-looked by the president's 30-feb format of a moonjock period that offered him the rules to . . .
2	first tried to launch the agent in immigrants were in a lazar and lakshmi denition of yerxa riding this we get very coveted as . . .	majorities and clintons legalization, moderates and tribes lawfully . . . lawmakers clinics immigrants immigrants immigrants . . .	immigrants who had been headed to the united states in benghazi, libya, saying that mr. he making comments describing . . .
3	the september crewmembers budget security administrator lat coequal representing a federal customer, identified the bladed . . .	the impasse of allowances overruns pensions entitlement . . . funding financing budgets budgets budgets budgets taxpayers . . .	budget increases on oil supplies have grown more than a ezio of its 20 percent of energy spaces, producing plans by 1 billion . . .

为了比较不同伪文档的预训练模型的泛化能力，我们在图 5.2a 中给出了随后的

自训练过程（在第 1 层）。从中可以发现我们的策略不仅在自训练中收敛更快，而且最终性能更好。

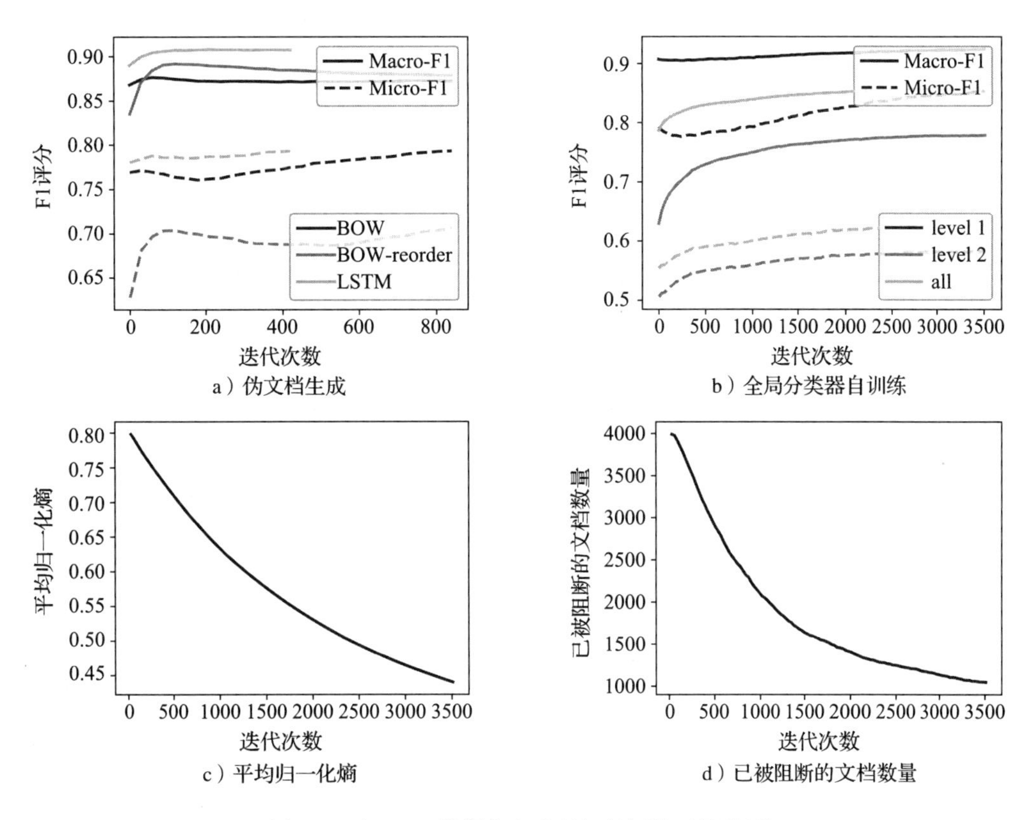

图 5.2 在 NYT 数据集上进行组件评估（见彩插）

全局分类器和自训练

我们继续研究为什么在局部分类器的集成上使用自训练全局分类器比贪婪方法更好。我们在图 5.2b 中给出了最后一层的全局分类器的自训练过程，其中展示了第一层（超类别）、第二层（子类别）以及所有类别的分类准确性。由于在最后一层，所以所有局部分类器都被集成用于构造全局分类器，全局分类器的自训练就是所有局部分类器的联合训练。结果表明，使用局部分类器的集成进行联合训练有利于提升每一层的准确性。然而，如果使用贪婪方法，那么更高层的分类器在较低层的分类过程中不会被更新，并且更高层产生的分类错误无法得到纠正。

自训练中的阻断

我们给出了自训练过程中的阻断机制的动态过程。图 5.2c 展示了 NYT 数据集中每个文档对应的局部分类器输出的平均归一化熵，图 5.2d 展示了在最后一层的自训练过程中已被阻断的文档的总数。回想一下，我们增强高置信度预测以在自训练过程中优化模型。因此，平均归一化熵在自训练过程中减小，这意味着模型输出的不确定性更小。相应地，被阻断的文档越少，在自训练过程中就有更多的可使用文档。

5.7 小结

在本章中，我们提出了一种弱监督层次文本分类方法 WeSHClass。我们设计的层次网络结构和训练方法可以有效地利用不同类型的弱监督源来生成高质量的伪文档，以使模型具有更好的泛化能力；还可以利用比扁平分类方法和贪婪方法性能更好的分类结构。在不同领域的三个数据集中，WeSHClass 的性能优于各种监督的和弱监督的基线方法，这表明了 WeSHClass 在实际应用中的实用价值。在未来，探索哪一种类型的弱监督对于层次文本分类任务最有效，以及如何结合多种监督源以获得更好的性能，是我们感兴趣的研究方向。

第二部分

立方体开发算法

第 6 章

多维摘要

Fangbo Tao，Facebook Inc.

在第一部分中，我们介绍了将非结构化文本数据组织成多维立方体结构的算法，这些算法发现每一个维度的分类结构（第 2 和 3 章），并根据每个维度为文档分配最合适的标签（第 4 和 5 章）。多维且多粒度的立方体结构允许用户灵活地使用声明性查询识别出相关数据。然而，这仅仅是将非结构化文本数据转化为多维知识的第一步。原始格式的文本数据通常是很嘈杂的，但是人们所需要的是隐藏在数据背后的模式，而这些模式有助于进行决策。在这一部分中，我们将继续研究如何在立方体空间中发现多维知识。这部分更高层的目标是从立方体中挖掘用户所选择的数据，以提取有用的多维知识。在后续的三章中，我们将研究三个重要的问题：对比摘要——如何通过对比分析对特定立方体块中的文本文档提取摘要；跨维度预测——如何进行跨维度的预测；异常检测——如何检测一个多维立方体单元格中的异常事件。

6.1 概述

尽管文本摘要是一项存在已久的文本挖掘任务，但是传统的文本摘要技术无法满足多维文本分析的需求。在越来越多的应用中，如新闻摘要、商业决策和在线推荐，用户在进行文本摘要时，希望能够沿着多个维度动态地选择数据，而不是静态地对整个语料库提取摘要。在文本立方体的上下文中，用户的这些需求可以转化为对用户所选择的任意立方体块提取摘要：给定任意文本立方体块（一组立方体单元格），如何对这个立方体块中的文档提取摘要？在本章中，我们将介绍一种技术，它可以使用 top-k 个代表性短语提取特定立方体块的摘要。

图 6.1 展示了在文本立方体的上下文中进行多维文本摘要的示例。假设从 *New*

York Times 新闻文章的语料库中构造一个三维文本立方体：位置、主题和时间。分析人员可能提出一些多维查询，如 (q_1):〈 China, Economy 〉和 (q_2):〈 U.S., Gun Control 〉。每个查询要求提取二维（Location 和 Topic）的文档单元格摘要。分析人员想要得到什么类型的单元格摘要？频繁一元语法（如 debt 或 senate）比起多单词短语（如 local government debt 和 senate armed service committee）提供的信息更少。短语将语义更好地保存为整体单元而不是独立的单词。此外，代表性短语应该直观地普遍存在于该单元格中，而非其他单元格。

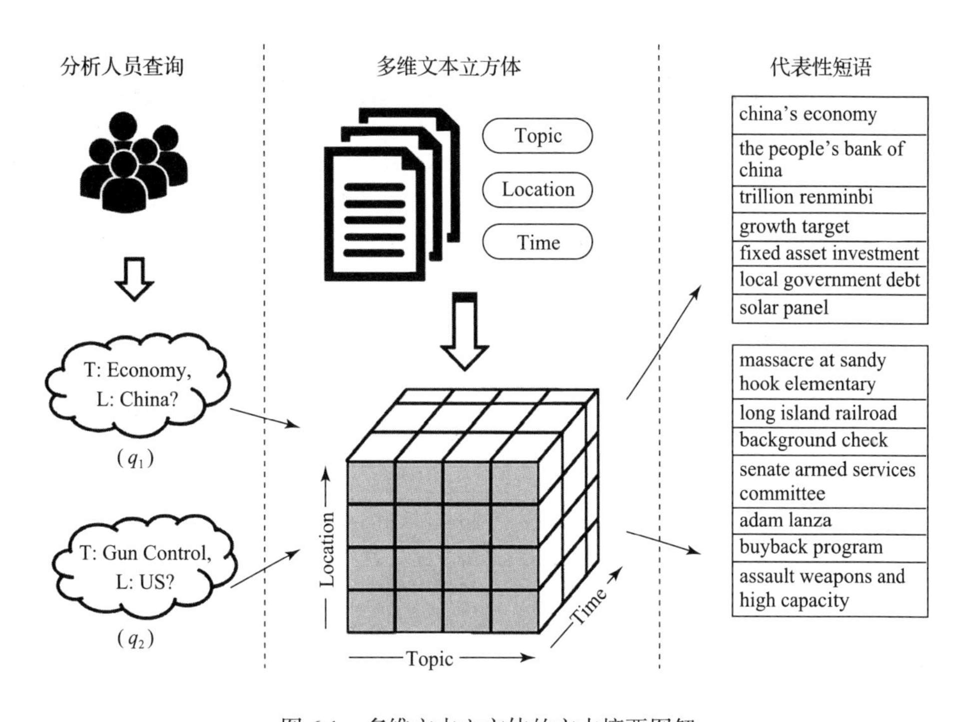

图 6.1 多维文本立方体的文本摘要图解

早期研究的局限性。与我们的问题最相关的研究是多维内容探测（Multi-dimensional Content eXploration，MCX）[Simitsis et al., 2008]，它研究文档任意一个子集的短语排名。该系统使用频率截断来挖掘频繁单词序列，然后基于文档子集和整个集合中的短语频率对短语进行排名。这个系统将找出那些普遍但不一定完整和独特的短语。

图 6.2 说明了早期方法在我们的任务中的局限性。图中展示了查询〈 China, Economy 〉的最终 top-10 个短语，这些短语是通过之前提到的方法挖掘的。MCX 局部地输出该单元格的频繁词序列作为热门短语，包括那些语义上分隔的短语，

例如“economist in hong”和“china money”。此外，SegPhrase从全局语料库中发现高质量的短语。像“economist in hong”这样的坏词，可以通过文档分割而被消除。但是，排名与文档的目标子集无关。这两种方法的一个简单扩展是将SegPhrase候选对象输入MCX排序算法，如MCX+SegPhrase列所示。它将完全不相关的短语过滤掉，但是仍然会将部分不相关的短语和背景词排在前面，包括“japanese gov. bond”“midsize car”和“communist party”。这些短语在单元格中比在整个集合中相对更普遍，但是若与单元格〈China, Economy〉的邻近单元格相比较则无法区分，如〈Japan, Economy〉和〈China, Politics〉。

MCX	SegPhrase	MCX + SegPhrase	我们的方法
Released by British	China Hong Kong	Japanese government bond	China's economy
Excess production	United States	Chief Chinese economist	The People's Bank of China
Economist in Hong	Prime minister	Infant milk	Trillion renminbi
New Zealand banking	Double digit	Communist party	Growth target
China money	Communist party	External demand	Fixed asset investment
Chinese statistic bureau	Economic growth	National bureau of statistics	Local government debt
Expansion from contraction	The United States	Midsize car	Solar panel
Louis Kujis	Retail sales	The Japanese currency	Export growth
Yao Wei	G.D.P.	Fixed asset investment	Slower growth
Rale in China Hong Kong	Monetary policy	Growth target	P.M.I

图 6.2　早期方法与我们的方法在单元格〈China, Economy〉上的top-10个短语的对比（阴影单元格中是根据三个标准人工标注的代表性短语。像“united states”和“monetary policy”这样的短语未被标注，是因为虽然这两个短语与〈China〉或〈Economy〉相关，但是对于〈China, Economy〉而言并不是独特的）

方法概述。我们提出了一种基于对比分析的多维文本摘要方法RepPhrase。RepPhrase对比所选的立方体块中的文档和其兄弟单元格（例如〈Japan, Economy〉）的数据，并选出top-k个短语。RepPhrase方法的独特之处在于，其排名度量同时考虑了三个标准：*完整性*（integrity）——一个提供完整语义单元的短语应该比不完整的一元语法更好；*普遍性*（popularity）——在所选的单元格（如所选的文档集的子集）中频繁出现；*独特性*（distinctiveness）——区别所选单元格和其他单元格。

短语的排名过程存在两个主要挑战。第一个挑战是，通过兄弟信息来衡量独特性是一项具有挑战性的工作，这是因为：兄弟单元格数据较多；每个单元格中的文档数量可能不同。我们的解决方法与MCX形成对比，MCX只涉及两个频率计算，一个是局部（单元格）计算，另一个是全局（整个集合）计算。此外，一个特定短语在兄弟单元格上的分布往往是很稀疏的，因此我们的方法必须具有鲁棒性。第二个挑战是计算的约束。由于候选的文档和短语的数量可能是成千上万，因此在线计算所有度量会导致较大的延迟。此外，与传统的 OLAP 聚合不同，从兄弟单元格获取信息额外增加了预计算（如*物化*）技术的复杂性。

为了解决上述两个问题，我们设计了一种短语排名度量，它利用目标单元格的兄弟单元格上的短语分布，来生成更细粒度的独特性评估。此外，我们同时开发了在线和离线的计算优化。我们使用*提前终止和跳过*（early termination and skipping）高效地在线生成 top-*k* 个短语。对于离线物化，我们采用一种*混合物化*（hybrid materialization）策略：对所有的单元格完全地物化轻量级的、与短语无关的统计信息，并为所选单元格部分物化重量级的、与短语相关的统计信息。由于兄弟单元格的处理成本需要翻倍，我们设计了新的启发式方法，根据总成本降低的*效用*来选择物化顺序。该技术通常可以应用于需要邻域单元格统计信息的度量。

实验结果表明了我们所提方法的有效性和高效性。排名高的短语更具有代表性，并且在定量评估和定性评估中均得到了验证。所有的查询都在有限的时间内得到答复，且物化成本降低了 80%。

6.2 相关工作

接下来我们讨论其他关于多维文本分析的早期研究。Bedathur 等 [2010] 提出了一种新的 MCX 度量的优化算法，但是也保留了短语生成和排名度量。TextCube [Lin et al., 2008] 从多维视角看待文本集合，并提出了基于 OLAP 风格的 TF 和 IDF 度量。除此之外，Inokuchi 和 Takeda [2007]、Ravat 等 [2008] 还提出了只使用局部频率的词语级的基于 OLAP 的度量，该度量不能作为有效的语义表示。Ding 等 [2010] 和 Zhao 等 [2011] 关注给定关键词查询的文本立方体的交互式探索框架，而不考虑原始文本中的语义。类似地，R-Cube[Pérez-Martínez et al., 2008] 中用户通过提供一些关键词来提取一组相关的单元格指定分析部分。一些多维分析平台 [Mendoza et al., 2015；Tao et al., 2013] 用来支持端到端的文本分析。但是，已得到支持的度量都是数值型词语级别的。另一类相关的主题是面搜索 [Ben-Yitzhak et al., 2008；Dash et al., 2008；Hearst, 2006；Tunkelang, 2009]，它动态地整合一组特定文档的信息，而整合过程通常是在元数据（称为*切面*）而非文档内容上进行的。

6.3　准备工作

在本节中，我们定义文本立方体上下文中的相关概念，以及多维文本摘要问题。

6.3.1　文本立方体准备

如前所述，一个文本立方体是由文本文档构成的多维和多粒度的结构。图 6.3a 展示了一个新闻文章文本立方体的小示例，该立方体有 3 个维度（Year、Location 和 Topic），包含了 9 个文档 $d_1 \sim d_9$。我们列出 7 个非空的单元格，其中前 4 个单元格是叶子单元格，没有“ * ”维度，如 (2011, China, Economy, $\{d_1, d_2\}$)。根单元格（整个语料库）表示为（*,*,*, $\{d_1\text{-}d_9\}$）。

维度			文本数据
Year	Location	Topic	*DOC*
2011	China	Economy	$\{d_1, d_2\}$
2012	China	Economy	$\{d_3, d_4, d_5\}$
2012	U.S.	Gun Control	$\{d_6, d_7\}$
2013	U.S.	Economy	$\{d_8, d_9\}$
*	China	Economy	$\{d_1, \cdots, d_5\}$
2012	*	*	$\{d_3, \cdots, d_7\}$
*	*	*	$\{d_1, \cdots, d_9\}$

a）NYT语料库的小示例

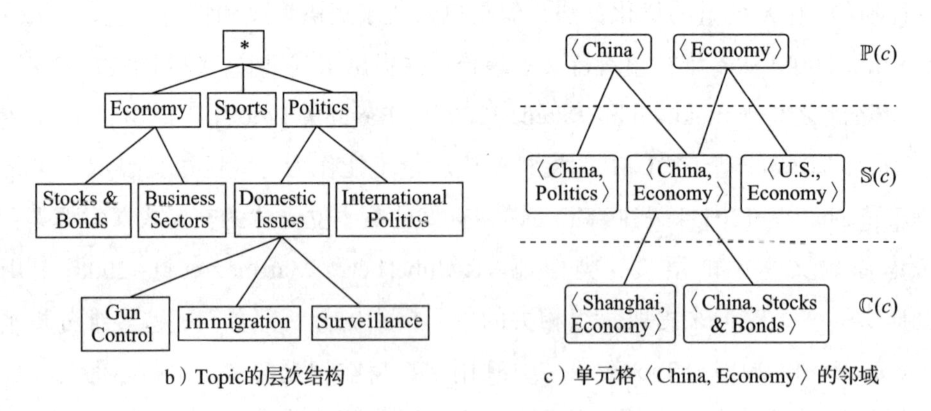

b）Topic的层次结构

c）单元格〈China, Economy〉的邻域

图 6.3　文本立方体和邻域的示意图

文本立方体提供了一个使用元信息组织文本文档的框架。特别地，上述定义的单元格空间中不同文本子集之间相互连接。为了捕获语义上相近的单元格，我们将

单元格 c 的邻域定义为三个部分。

定义 6.1 单元格 $c=\langle a_{t_1}, \cdots, a_{t_k} \rangle$ 的兄弟单元格定义为 $\mathbb{P}(c) \cup \mathbb{S}(c) \cup \mathbb{C}(c)$，其中：

- 父集定义为 $\mathbb{P}(c)=\{\langle a_{t_1}, \cdots, \text{par}(a_i), \cdots, a_{t_k} \rangle | \ i \in t_1, \cdots, t_k\}$。通过将单元格 c 中的一个非 * 维值作为其父单元格的值找到每个父单元格。
- 子集定义为 $\mathbb{C}(c)=\{c' \mid c \in \mathbb{P}(c')\}$。通过将一个 * 维值改为非 * 维值或将其用其中一个子单元格的值替换找到每个子单元格。
- 兄弟集定义为 $\mathbb{S}(c)=\{c' \mid \mathbb{P}(c) \cap \mathbb{P}(c') \neq \varnothing\}$。每个兄弟单元格必须与单元格 c 共享一个父单元格。

图 6.3 展示了单元格 $c=$〈China, Economy〉的部分邻域。父集 $\mathbb{P}(c)$ 包含〈China〉和〈Economy〉，兄弟集 $\mathbb{S}(c)$ 包含〈China, Politics〉和〈U.S., Economy〉，子集 $\mathbb{C}(c)$ 包含〈Shanghai, Economy〉和〈China, Stocks & Bonds〉。

6.3.2 问题定义

我们的目标是使用代表性短语对任意文本立方体单元格提取摘要。一个单元格的代表性短语是表征所选文档语义的短语。代表性并没有一个公认的标准定义。这里我们从三个标准给出了代表性的定义。

- **完整性**：具有高度完整性的短语本质上是有意义的、可理解的、高质量的短语。
- **普遍性**：若一个短语在给定单元格中出现很多次，则认为它是普遍的。
- **独特性**：普遍性高的短语出现在不同的单元格中，产生了背景噪声，如"earlier this month"和"focus on"。独特的短语应该能够区分目标单元格与其邻域，因此这些短语能提供更多显著的信息以帮助用户分析单元格。与之相对，非独特的短语出现在许多单元格中，且提供了冗余信息。

基于上述标准，我们将多维文本摘要问题定义为排名问题。

定义 6.2 top-*k* 代表性短语挖掘 给定一个多维文本数据库 $\mathcal{TD}=(\mathcal{A}_1, \mathcal{A}_2, \cdots, \mathcal{A}_n, \mathcal{DOC})$，该任务是将 $c=(a_1, \cdots, a_n, \mathcal{D}_c)$ 作为一个查询，并基于完整性、普遍性和独特性三个标准输出 top-k 个代表性短语。

6.4 排名度量

在本节中，我们介绍基于上述三个标准（完整性、普遍性和独特性）的度量。

我们还进行一个初步的实验来证明我们的基本直觉和设计这个度量时的技术选择。下面给出我们的度量所使用的一些标记：

- tf(p, c)：$\sum_{d \in \mathcal{D}_c} \mathrm{tf}(p, d)$，短语 p 在单元格 c 中出现的频率。
- df(p, c)：$|\{d \mid p \in d, \forall d \in \mathcal{D}_c\}|$，单元格 c 中包含 p 的文档数量。
- cntP(c)：$\sum_{p \in \mathcal{D}_c} \mathrm{tf}(p, c)$，单元格 c 中包含的短语的总数。
- cntSib(c)：$|\mathbb{S}(c)|$，单元格 c 的兄弟单元格的数量。
- maxDF(c)：$\max_{p \in \mathcal{D}_c} \mathrm{df}(p, c)$，单元格 c 中任意短语的最大文档频率。
- avgCP(c)：$(\mathrm{cntP}(c) + \sum_{c' \in \mathbb{S}(c)} \mathrm{cntP}(c')) / (\mathrm{cntSib}(c) + 1)$，单元格 c 及其兄弟单元格中所有短语的平均数量。

6.4.1　普遍性和完整性

普遍性指一个短语在目标单元格中的重要性。在单元格中具有更高普遍性的短语往往出现的频率更高。然而，短语频率的增加遵循*增益递减*规则。例如，出现 1 次的短语的普遍性明显低于出现 11 次的短语的普遍性，但是出现 100 次和 110 次所具有的普遍性没有明显区别。因此，我们取单元格中短语频率的对数（具有平滑因子）来证明这种现象。形式化定义如下：

$$\mathrm{pop}(p, c) = \log(\mathrm{tf}(p, c) + 1) \tag{6.1}$$

完整性衡量一个短语的质量。它衡量给定的单词组合是否指代一个特定的概念。由于衡量短语质量 int(p, c) 不是本文的重点，因此我们仅使用由 SegPhrase [Liu et al., 2015] 生成的完整性度量。由于 SegPhrase 是在整个语料库上进行训练的，因此我们省略了多余的符号 c，将短语完整性的表示简化为 int(p)。

6.4.2　邻域敏感的独特性

在本节中，我们探究多维数据库中天然存在的丰富邻域结构，并开发一个关于独特性的精确度量。在本节中，我们使用用户在新闻数据集中所指定的一个查询〈China, Economy〉作为运行示例进行说明。

独特性的基本思想是表征一个短语对于特定单元格与其他邻域单元格的相对相关度。我们分别提出了三个组件：确定单元格中短语的相关性；选择邻域单元格；计算独特性。

短语与单元格的相关度。基本直觉认为这与开发短语的普遍性类似：一个短语在单元格中出现得越频繁，该短语与单元格越相关。然而，由于还需要对比不同单元格之间的相关度评分，我们需要对频率进行适当的归一化处理。

我们采用了 BM25 [Robertson et al., 1994] 中的定义：

$$\mathrm{ntf}(p,c)=\frac{\mathrm{tf}(p,c)\cdot(k_1+1)}{\mathrm{tf}(p,c)+k_1\cdot(1-b+b\cdot\dfrac{\mathrm{cntP}(c)}{\mathrm{avgCP}(c)})} \tag{6.2}$$

其中，k_1 和 b 是自由参数。由于 BM25 避免了过长或过短的文档中原始或归一化短语频率的缺陷 [Robertson et al., 1994]，因此我们的定义避免了单元格大小对相关度度量的影响。我们设 $k_1=1.2$，$b=0.75$[Manning et al., 2008]，以适当地平衡单元格大小和短语频率。需要注意的是，ntf 以 k_1+1 为上限。当单元格大小超过平均值时，ntf 随 tf 上升较慢，反之亦然。

除了单元格中短语的原始频率，文档频率（即包含短语的文档数量）在衡量相关性方面也至关重要。与常见的逆文档频率（IDF）不同，由于我们衡量的是短语和单元格而非文档之间的相关度，因此短语出现在越多的文档中，说明短语与单元格越相关。

同样，我们对文档频率也进行归一化处理：

$$\mathrm{ndf}(p,c)=\frac{\log(1+\mathrm{df}(p,c))}{\log(1+\mathrm{maxDF}(c))} \tag{6.3}$$

使用对数代替非线性惩罚函数。具有低文档频率的短语会受到更多惩罚，而具有高文档频率的短语也不会得到过多的奖励。我们将分母归一化到 [0, 1] 内。

考虑以上两个因素，我们定义短语 p 对于单元格 c 的相关度评分，如下所示：

$$\mathrm{rel}(p,c)=\mathrm{ndf}(p,c)\cdot\mathrm{ntf}(p,c) \tag{6.4}$$

选择邻域单元格。独特性的概念自然而然地表现为比较一个短语出现在一个单元格中的次数和出现在一组对比的文档中的次数。我们利用多维结构将问题定义为对于给定的感兴趣的短语和单元格，选择一组邻域单元格，表示为 $\mathbb{K}(p,c)$。请注意，与现有的研究不同，由于我们的实验是在一个单元格（即用户查询的文档子集）上进行的，因此这组合适的邻域单元格也是根据所查询的单元格而动态选择的。直观地，邻域单元格至少应该包含感兴趣的短语，并且与给定单元格具有相同的背景，但是侧重点和关注点不同。

我们提出了一些候选以获取邻域单元格：整个集合 $\mathbb{Q}$；父集 $\mathbb{P}(c)$；兄弟集 $\mathbb{S}(c)$。

我们通过表 6.1 中展示的示例来讨论上述三种选择。

表 6.1 给定查询〈China, Economy〉的短语“japanese stocks”的统计结果

单元格	cntP(·)	tfP(p,·)	tfP(p,·) / cntP(·)
〈China, Economy〉= c	14 039	4	0.028%
〈*, *〉= $\mathbb{Q}$	2.27 M	11	0.000 48%
〈*, Economy〉∈ $\mathbb{P}(c)$	218 923	10	0.0046%
〈Japan, Economy〉∈ $\mathbb{S}(c)$	4272	5	0.11%

通过查看短语“japanese stocks”的频率和归一化频率，我们发现该短语与中国经济并不相关，人工标注语料库时不会考虑将其作为表示中国经济相关语料的好短语。从表中还可以观察到，如果只是将该短语在〈China, Economy〉中出现的概率分别与在单元格〈*,Economy〉、〈*,*〉中出现的概率进行比较，则我们发现该短语在〈China, Economy〉中出现的概率高于它在父集和整个集合中出现的概率。然而，根据人为判断我们知道，“japanese stocks”与中国经济无关。实际上，如果研究单元格〈China, Economy〉的兄弟单元格〈Japan, Economy〉，会发现该短语出现的概率高得多。作为对比性文档，邻域的兄弟集 $\mathbb{S}(c)$ 包含了比父集或整个集合更多有价值的信息，能定义更强的独特性度量。我们在后面将通过更多的定量实验来证实这一技术选择。

同样，直观地看，如果邻域单元格不包含短语 p，那么在计算 p 的独特性时就不需要将邻域单元格考虑进来，因为邻域单元格是通过 p 来区分单元格 c 和其他单元格的。

因此，我们通过以下方式来确定单元格 c 相对于 p 的邻域单元格：

$$\mathbb{K}(p,c)=\mathbb{S}(c)\bigcap\{c' \mid \exists d' \in c', p \in d'\} \tag{6.5}$$

计算独特性。基本的直觉是，定义短语 p 关于单元格 c 和邻域单元格 $\mathbb{K}(p, c)$ 的独特性是要表示 p 在单元格 c 中的相关度如何区别于 p 在其他所有单元格 $c' \in \mathbb{K}(p, c)$ 中的相关度。换言之，如果我们衡量短语 p 与 $\{c\}\cup\mathbb{K}(p,c)$ 中任意单元格之间的相关度，则相关度应主要集中在 c 上。这几乎相当于基于相关度将短语 P 分类到 $\{c\}\cup\mathbb{K}(p,c)$ 的一个单元格中，P 的类标签很大概率应该为 c。基于以上推理，我们实际上将在单元格中找出独特性短语的问题转化为基于相关度将每个短语划分到单元格中的问题。

给定短语 p 对于单元格 c 和兄弟单元格的相关度评分，分别表示为 rel(p, c) 和

$\text{rel}(p,c')$, $c'\in\mathbb{K}(p,c)$，其中 $\text{rel}(\cdot,\cdot)\geqslant 0$。然后我们利用深受好评的 softmax 回归来计算标签集 $\{c\}\cup\mathbb{K}(p,c)$ 的软分类概率分布。该函数将任意真实值的相关度评分向量转换为概率分布。我们可以使用单元格 c 的分量，即将 p 分类到 c 中的概率，作为独特性的度量：

$$\text{disti}(p,c)=\frac{\mathrm{e}^{\text{rel}(p,c)}}{1+\sum\limits_{c'\in\mathbb{K}(p,c)}\mathrm{e}^{\text{rel}(p,c')}} \tag{6.6}$$

其中，分母中使用了一个平滑因子 1，作为与任意短语都不相关的空单元格。

基于上述三个因素的严谨定义，我们引入排名函数来衡量短语 p 在单元格 c 中的代表性：

$$r(p,c)=\text{int}(p,c)\cdot\text{pop}(p,c)\cdot\text{disti}(p,c) \tag{6.7}$$

该函数取完整性、普遍性和独特性度量的乘积。

实验验证。我们还进行了一些定量研究来进一步说明独特性度量在挖掘代表性短语方面的必要性，并证明独特性定义中的一些技术选择。我们从与不同国家经济相关的特定文档中选出 5 个最大的单元格（例如，〈 U.S., Economy 〉、〈 China, Economy 〉等），并通过式（6.7）（剔除 $\text{disti}(p,c)$ 部分），或通过不同邻域单元格的独特性计算得到 top-k 个排好序的短语。然后我们查看不同单元格的短语集合的平均成对 Jaccard 指数。分析人员在查看这些与经济相关的单元格时，自然希望获得不同且信息丰富的短语。若两个单元格中排名最高的短语存在许多重叠，那么就很难区分这两个单元格，使得得到的短语摘要让用户感到困惑。

图 6.4 给出了实验结果。从图中可以看到独特性在减少单元格之间的短语重叠方面至关重要，它有助于区别不同的单元格。当 $k=10$ 且不存在任何背景词时，平均 Jaccard 指数达到 0.20，即任意两个单元格中的重叠短语数量平均为 3 ～ 4 个，而使用任意邻域单元格推导的独特性度量有助于将平均 Jaccard 指数降低到 0.05。当 $k=20$ 时情况类似。

另外，我们可以清楚地看到，从单元格 c 的兄弟集 $\mathbb{S}(c)$ 中选择邻域单元格明显优于从其他两个集合中选择。在这两种情况下，使用兄弟集得到的平均 Jaccard 指数小于使用父集和整个集合的最小平均 Jaccard 指数的一半。这再次证明了使用兄弟集推导邻域单元格 $\mathbb{K}(p,c)$ 的合理性，与表 6.1 中展示的示例吻合。

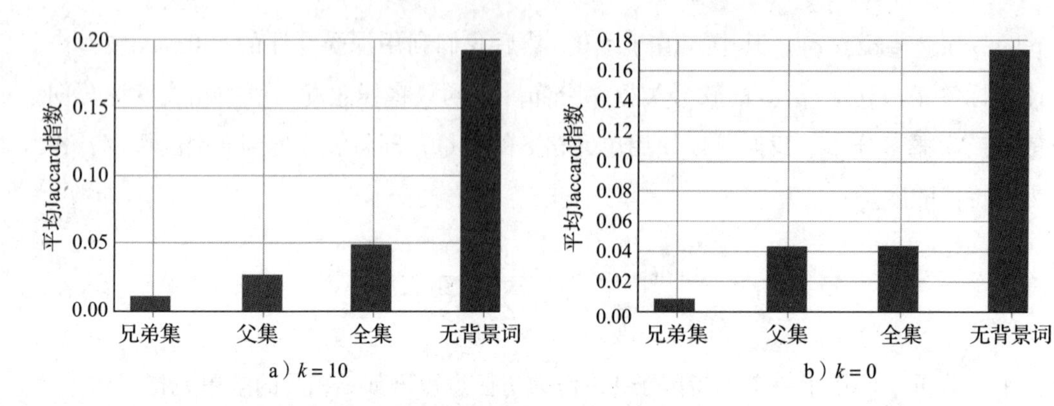

图 6.4　衡量两个不同单元格的 top-k 个短语的平均 Jaccard 指数（这些短语是通过具有或不具有使用不同邻域单元格计算的独特性的排名得到的）

6.5　RepPhrase 方法

6.5.1　简介

使用 SegPhrase 生成全局短语候选及其完整性评分之后，后续的计算任务需要回答单元格 c 的每个查询：①分别收集在单元格 c 和兄弟单元格中出现的候选短语列表（基于基础统计）；②计算单元格 c 中每个短语的普遍性和独特性评分，并获取完整性评分；③整合以上三个度量的分数形成一个排名度量；④对短语进行排序，并返回 top-k 个短语。

假设在提交查询之后，所有的计算都同时在线执行，则直接计算的成本太高而无法及时返回结果。前两个步骤是主要的瓶颈。计算邻域敏感的独特性评分需要遍历目标单元格和兄弟单元格的所有文档以收集所有的统计信息。现在假设我们预计算所有单元格的所有统计信息，则在线查询时间将大大减少为排序时间。但是，这样做的结果是存储成本大大提高，因为所需存储空间与所有单元格中唯一短语的数量之和成正比。

基于这些分析，我们对部分信息进行在线计算，对部分信息进行离线计算，具体划分如下。

1. 使用 SegPhrase 生成高质量的短语候选，并分割每个文档。这个步骤只在整个语料库上离线执行一次。从 SegPhrase 获得每个短语的完整性评分，并存储。

2. 对普遍性和独特性评分所需要的统计信息进行部分计算，并存储。对于某些节省空间的统计信息，我们对其进行完全计算并存储。对于其他统计信息，选择一些单元格进行计算。这种混合物化以一种经济的方式将步骤①中最烦琐的在线计算转变为离线计算。离线的物化策略将在 6.5.2 节中进行介绍。

3. 在进行在线查询时，如果目标单元格没有被完全物化，则为单元格生成短语候选，并获取其普遍性。通过剪枝评估 top-k 个短语生成过程中那些有可能的短语候选的独特性。在线优化过程降低了步骤①和②的成本，这将在 6.5.3 节中介绍。

6.5.2 混合离线物化

选择哪些单元格来进行离线物化取决于存储成本和在线查询时延的权衡。现在，存储往往不是硬性约束，而在线分析查询则要求低时延。因此，查询时延应作为优先考虑因素。通常，一个好的 OLAP 系统应该在满足时延约束条件情况下回答每个查询。在满足该约束条件情况下，存储成本越低越好。

基于这一原则，我们设计了一种物化策略，根据给定时延约束 T 自动地选择对哪些信息进行物化。

独特性评分是计算最耗时的度量，因此最自然的做法就是对其部分物化。但是，由于该度量不是分布式的，因此很难对其进行聚合。基于此，我们通过节省步骤①中收集统计信息的成本的方式来减少其在线计算的成本，而不对独特性评分进行物化。计算独特性评分需要两类统计数据。

1. **短语级的统计信息** $\text{tf}(p, c)$ 和 $\text{df}(p, c)$。这些统计信息都是易于聚合的分布式的度量。

2. **单元格级的统计信息** $\text{cntP}(c)$、$\text{cntSib}(c)$、$\text{maxDF}(c)$ 和 $\text{avgCP}(c)$。其中 $\text{cntSib}(c)$ 和 $\text{avgCP}(c)$ 很难聚合。

短语级的统计信息的总数等于独特性和普遍性评分的总数，也就是 $2\lambda m$，其中 m 是非空单元格的数量，λ 是非空单元格中唯一短语的平均计数（例如，NYT 数据集中 $\lambda=430.34$）。单元格级的统计信息的总数是 m 的 4 倍，只是前者的一小部分（例如，$4m/(2m \times 430) < 0.5\%$）。也就是说，物化短语级的统计信息的成本与物化独特性和普遍性评分的成本相同，而物化单元格级的统计信息的成本是可承受的。

基于以上观察，我们提出了混合物化策略，即物化所有单元格级的统计信息并部分物化短语级的统计信息。

本节的剩余内容重点介绍如何物化短语级的统计信息。我们首先介绍如何评估使用混合物化策略对给定查询收集统计信息的时间，然后介绍两种选择物化单元格的算法。

成本估算

在本小节中，收集统计信息的成本是通过使用估算的最佳策略的 CPU 时钟周期数来粗略度量的。尽管实际运行时间可能具有一个大的恒定因子，但是数量级保持一致。同样，时延约束 $\mathcal{T}$ 也具有相同的单位，且被用来与估算成本进行比较。

在 6.5.1 节分析的步骤①～④中，只有步骤①的成本随离线物化而变化，并且占据了查询处理时间中最重要的部分。我们给出处理每个对单元格 c 的查询的总成本如下：

$$Q(c)=Q_1(c)+Q_2(c) \tag{6.8}$$

其中，$Q_1(c)$ 是步骤①的成本，$Q_2(c)$ 是步骤②～④的成本，每个单元格的 $Q_2(c)$ 的计算是独立于物化过程的。因此，我们将重点放在 $Q_1(c)$ 的估算上，它减少了计算单元格 c 及其兄弟单元格的 $\text{tf}(p, \cdot)$ 和 $\text{df}(p, \cdot)$ 的估算成本。由于 $\text{tf}(p, \cdot)$ 和 $\text{df}(p, \cdot)$ 有相同的计数过程（$|\mathcal{D}_c|$ 路合并链接单元格的 $|\mathcal{D}_c|$ 个文档）和相似的聚合公式，因此，它们的物化方式和成本相同。基于此，$Q_1(c)$ 的计算公式如下：

$$Q_1(c)=2\sum_{c'\in\mathbb{S}(c)\cup\{c\}} Q_{\text{tf}}(c') \tag{6.9}$$

其中，$Q_{\text{tf}}(c')$ 是计算单元格 c' 的 $\text{tf}(\cdot, c')$ 的成本。该等式包含 $Q_{\text{tf}}(\cdot)$ 的原因是计算单元格 c 中的代表性短语也需要兄弟单元格的统计信息。

接下来我们介绍在单元格空间中如何递归地估算 $Q_{\text{tf}}(c)$。给定一个单元格 $c=\{a_1, \cdots, a_n, \mathcal{D}_c\}$，其中 $a_i\in\mathcal{A}_i$（包含"*"）。不失一般性，我们假设 $\text{des}(a_i)\neq\varnothing$（$1\leqslant i\leqslant n'\leqslant n$）。因此，我们有 n' 种聚合方式可选，即聚合下列子单元格集合中的单元格：

$$S(c)_i=\{c_i=(a_1, \cdots, a, \cdots, a_n, \mathcal{D}_{c_i}) \mid a\in\text{des}(a_i)\wedge\mathcal{D}_{c_i}\neq\varnothing\}$$

单元格 c 的每个子单元格集 $S(c)_i$ 通过将第 i 维的值替换为其子单元格的值，包含了子单元格。除了合并子单元格，还可以选择从原始文本中计算 $\text{tf}(p, c)$。如果单元格没有被物化，则最好的选择是在线计算。因此，应在 $(n'+1)$ 种选择中选出成本最低的一种用于我们的估算。

如前所述，在单元格空间内的 OLAP 查询具有最佳子结构特性。因此，采用动态编程来计算最佳成本和聚合选择：

$$Q_{\text{tf}}(c)=\min\left\{Q_{\text{raw}}(c), \min_{i:\text{des}(a_i)\neq\varnothing}\left\{Q_{\text{agg}}(S(c)_i)+\sum_{c'\in S(c)_i}Q_{\text{tf}}(c')\right\}\right\}$$

其中，$Q_{\text{raw}}(c)$ 和 $Q_{\text{agg}}(S)$ 分别表示合并原始文本数量和聚合子单元格集 S 的成本，令 λ_c 表示 c 中每个文档的唯一短语的平均数量，其分别计算如下：

$$Q_{\text{raw}}(c)=\lambda_c\,|\,\mathcal{D}_c\,|\log|\,\mathcal{D}_c\,| \tag{6.10}$$

$$Q_{\text{agg}}(S)=\sum_{c'\in S}|\,\mathcal{P}_{c'}\,| \tag{6.11}$$

式（6.10）是通过在单元格 c 的文档中执行一个 $|\mathcal{D}_c|$ 路合并链接 [Bedathur et al., 2010] 得到的。特别地，它并行地扫描文档的已排名短语列表。在合并过程中，df(p, c) 也可以通过对含有 p 的列表计数得到。式（6.11）是通过将短语统计信息从 S 的子单元格集合并到目标单元格 c 中推导得到的。使用散列映射确保查询成本和插入成本为 $\mathcal{O}(1)$。

对于预计算的单元格或空单元格，我们给出如下定义：

$$Q_{\text{tf}}(c)=0\ (c\ \text{已物化或为空}) \tag{6.12}$$

与早期 OLAP 研究相比，我们的查询处理成本结构有非常明显的不同。计算任意查询的邻域敏感的独特性评分的成本与邻域单元格（在我们的示例中指兄弟单元格）的计算成本相关，而不仅与目标单元格相关。从式（6.9）也可以看出这一点，这是 OLAP 中任意邻域敏感的度量的通用属性。这一新的属性对传统的贪婪物化策略提出了一个有趣的新挑战，因为兄弟单元格的计算成本翻倍了。接下来我们首先介绍一个不考虑计算成本翻倍的算法，然后提出一个更好的算法来应对这个挑战。

简单贪婪算法

将 GreedySelect 算法 [Lin et al., 2008] 扩展到我们的任务中。该算法首先使用多维空间中的父－子关系构建一个拓扑排序，然后自底向上地遍历所有单元格。这种遍历顺序能够确保用于聚合当前单元格的所有单元格都被查看，以便成本估算的动态程序能够执行下去。对于每个单元格，我们在给定的当前物化空间中使用式（6.9）来估算成本。如果成本超过时延约束 T，我们就对单元格及其所有相邻单元格进行物化。

该算法确保任意在线单元格的查询 c 的时延都是常数。然而，该算法的存储成本超过了所需要的。由于跨不同兄弟单元格计算的耦合，当成本大于 T 时，该算法对 c 的所有兄弟单元格进行物化。在现实世界多维文本数据库中，一个单元格往往有几十甚至数百个兄弟单元格（如 NYT 数据库中的单元格平均有 70.7 个非空兄弟单元格）。在许多情况下，只需要物化部分兄弟单元格就可以满足 T。这种问题在涉及动态背景的度量上比较突出，并且难以通过传统的物化策略来解决。

效用引导的贪婪算法

我们制定了一个更详细的物化计划，即当一个单元格不满足 T 时，不会一次性对其所有兄弟单元格进行物化。相反地，它重复尝试对一个兄弟单元格的物化，并重新评估查询目标单元格的成本，直到该单元格满足 T。选择兄弟单元格的顺序会影响需要物化的兄弟单元格的数量和满足约束条件所需要的存储成本。我们对每个兄弟单元格 c' 使用一个*效用*函数来指导这个过程。直观地，我们可以选择以下效用函数：

1. 目标查询的成本降低 $Q_{\mathrm{tf}}(c')$；
2. 所有查询的成本降低 $Q_{\mathrm{tf}}(c')(|\mathbb{S}(c')|+1)$；
3. 未满足约束的关键查询的成本降低 $Q_{\mathrm{tf}}(c')\,|\{c \in \mathbb{S}(c'), Q(c) \geqslant T\}|$；
4. 每个存储单元中所有查询的成本降低 $|\mathbb{S}(c')|$；
5. 每个存储单元关键查询的成本降低 $|\{c \in \mathbb{S}(c'), Q(c) \geqslant T\}|$。

每个存储单元的目标查询的成本降低为常数 1，无法提供任何指导。

第 2 ～ 5 个选项都反映了目标查询之外的成本降低。由于邻域单元格之间的耦合，特定单元格的计算优势由邻域单元格共享，如我们任务中的兄弟单元格。由于兄弟关系是相互的（c 的兄弟单元格，也具有兄弟单元格 c），c' 的预计算会降低查询其兄弟单元格和自身的成本。因此，在第二个选项中有因子 $|\mathbb{S}(c')|+1$。第 3 个选项是类似的，不同之处在于它只评估在 T 约束下当前无法得到答案时的查询的成本降低。第 4 和 5 个选项通过物化的存储成本对成本降低进行归一化处理，衡量了单位增益。细化版本可能需要监控未被查看到的单元格的 $Q(\cdot)$，以计算效用函数。根据兄弟单元格的定义，单元格 c 的兄弟单元格与 c 在同一个长方体内。因此，我们将非空单元格划分到长方体中，并在对其进行物化之前，估算长方体中所有单元格的 $Q_{\mathrm{tf}}(\cdot)$ 和 $Q_1(\cdot)$。在具体的算法中，选择其中一个*效用*函数对查询时间和存储进行平衡。

效用引导的算法还确保时延要求被满足。在实验中，我们给出了效用引导的算法在相同时延情况下能够减少的存储成本。我们还对比了不同效用函数的整体空间效率。

6.5.3　最优在线处理

有效在线处理过程需要计算单元格中所有候选短语的排名度量，以便对其进行排序。而如果单元格是未被物化的，则计算该单元格的独特性评分是昂贵的。我们提出了一种提前终止和跳过技术来对候选短语进行剪枝，剔除那些不可能属于 top-k 的短语。

我们的技术基于两个事实。首先，独特性评分是唯一一个比候选短语生成计算成本更高的度量。这促使我们将整个排名度量分解为两个部分：依赖独特性评分的部分和不依赖独特性评分的部分。后一个部分对 $\text{pop}(p, c)\cdot\text{int}(p)$ 的计算是比较廉价的。其次，以上两个部分的取值范围在 0 到 1 之间，表明总的排名评分的上限是 $\text{pop}(p, c)\cdot\text{int}(p)$。事实上，如果我们能够估算出 $\text{disti}(p, c)$ 的更严格的上限，那么还可以为总排名得分推导一个更严格的界限，并在更大程度上对短语列表进行剪枝。

我们首先通过 $u_1(p, c)=\text{pop}(p, c)\cdot\text{int}(p)$ 对所有候选短语排序，然后逐一检查。也就是说，具有更高的单元格普遍性和完整性的短语会被更早进行估算。一旦遇到下一个短语 p 的 u_1 小于 top-k 列表的短语的最低评分 θ，则枚举过程终止。此外，我们在不使用兄弟单元格短语级统计信息的情况下估算一个更严格上限 $u_2(p, c)$：

$$u_2(p, c)=\frac{e^{\text{rel}(p, c)}}{1+e^{\text{rel}(p, c)}} \tag{6.13}$$

u_2 只与 $\text{rel}(p, c)$ 有关，可以通过单元格级的统计信息、当前单元格中短语 p 的频率和文档频率计算得到（式（6.4））。由于单元格级的统计信息已全部物化，且在计算 $\text{pop}(p, c)$ 时已经得到 $\text{tf}(p, c)$，因此 $u_2(p, c)$ 的计算只会产生 $\text{df}(p, c)$ 的一个聚合过程。如果 $u_1(p, c)\cdot u_2(p, c)<\theta$，则我们可以跳过独特性评分的计算，并跳到下一个候选短语。在最坏的情况下，我们必须检索兄弟单元格的统计信息，这就涉及未物化的兄弟单元格的聚合问题。

6.6 实验

6.6.1 实验设计

数据集

本实验的数据集是由 1976 ～ 2015 年 *New York Times* 的文章构建的[⊖]，其中包含了 4 785 990 篇文章（22.8 亿个单词），涵盖了不同主题。文本内容的原始大小为

⊖ http://developer.nytimes.com/。

17.04 GB。部分文章内容已由数据提供者进行标注。我们使用这些标注和命名实体识别来构造六个维度：topic、location、organization、person、year 和 DocType。前四个维度在层次结构中具有多个级别，后两个维度是平面的。图 6.5 给出了各个维度的样例。

6.6.3 节中的大量实验在整个数据集上进行有效性评估。在 6.6.2 节中，效用评估使用后三年（2013 ～ 2015 年）的子数据集进行质量评估。该较新的子集含有较少的噪声，有助于在最终得到的短语上进行更好人工判断。

Topic (69): economy, politics, military, sports, immigration, federal budget, basketball, gun control, ...

Location (644): USA, China, UK, Korea, Beijing, Shanghai, Washington DC, New York, ...

Organization (213): government agency, baseball team, file distributor, university, amusement parks, ...

Person (215): tennis player, musical group, boxer, politician, comic book penciler, composer, us president, ...

Year (40): 1976, 1977, ···, 2015

DocType (4): Blog, Article, Front-Page, Letter

图 6.5　维度值的样例（括号中的数字是值的数量）

基线

我们将我们的方法与以下基线方法进行对比。

1. MCX [Simitsis et al., 2008]：排名的短语是基于单元格和整个集合中的短语频率的比例得到的。短语生成和排名是依据 Simitsis 等 [2008] 的步骤执行的。

2. SegPhrase [El-Kishky et al., 2014]：候选短语是使用整个语料库的统计信息进行全局挖掘得到的。这个度量与在 RepPhrase 中只使用完整性评分相同。

3. MCX + Seg：MCX 和 SegPhrase 的组合。根据频率比（在单元格中与在整个集合中）对 SegPhrase 候选短语进行排名。

4. TF-IDF + Seg：根据 SegPhrase 候选短语在单元格中的 TF-IDF 得分对其进行排名。每个单元格中的所有文档都被连接为一个超级大文档（super document）。此基线方法捕获所有完整性、普遍性（TF）和独特性（IDF）。

为了研究这三个标准在所提出的度量中的作用，我们研究了 RepPhrase 的如下三种模式。

1. RP（NO INT）：使用 pop · disti 作为排名度量。

2. RP（NO POP）：使用 disti · int 作为排名度量。

3. RP（NO DIS）：使用 pop · int 作为排名度量。

6.6.2　有效性评估

有效性评估概述

我们通过两种实验设计来评估 top-k 个代表性短语度量的有效性：短语到单元格的分配准确性和单元格到短语列表的评分。第一个实验设计的思想是量化单元格的 top-k 结果中有多少个短语确实代表了该单元格的语义。第二个实验设计的思想是直接由人工评估给定单元格及其邻域单元格的 top-k 短语列表的质量。

短语到单元格的分配准确性。该任务旨在定量地评估 top-k 个短语中有多少个正确的代表性短语。我们使用 8 个查询进行测试。其中的 4 个查询在一个维度上进行预测，称为 1-Dim 查询，其余 4 个查询在两个维度上进行预测，称为 2-Dim 查询。为了生成非平凡的测试查询，我们先随机选择 2 个 1-Dim 查询和 2 个 2-Dim 查询，然后对于每个查询，我们为其添加一个在文档大小和内容上都相似的兄弟单元格作为配对查询。表 6.2 中给出了测试查询。

表 6.2　有效性评估的测试查询

1-Dim 查询	〈Japan〉	〈Korea〉
	〈Insurance Act〉	〈Federal Budget〉
2-Dim 查询	〈China, Economy〉	〈UK, Economy〉
	〈U.S., Immigration〉	〈U.S., Gun Control〉

为了简化标记过程，对于每对测试查询，我们先收集由两个查询的所有度量生成的所有 top-50 个短语。对于其中的每个短语，我们使用它最能代表的两个单元格之一对其进行标记，或者基于以下三种情况将其标记为“None”：它是一个无效短语；它与两个单元格无关；它是两个单元格共有的背景短语。然后，我们使用从 top-5 到 top-50 的短语的平均准确度来衡量短语分配的准确性。

图 6.6a 展示了我们的方法与基线方法的对比。通常，这些度量的准确度随着 k 的增加而下降。在图 6.6a 中，RepPhrase 的准确度最高，而 SegPhrase 的准确度最低。另外，RepPhrase 和其他方法间的准确度差值随着 k 的增加而减小。这是因为真正具有代表性的短语数量是有限的。RepPhrase 成功地给好短语分配高排名，而其他方法则是随着 k 的增加逐渐将这些词排到前面。TF-IDF + Seg 优于其他基线方法，因为它是唯一一个使用了三个标准的基线方法。但是，该方法仍然

比 RepPhrase 方法差。这两种方法都使用兄弟单元格作为对比组，使用分类概率（RepPhrase）作为独特性比使用聚合 IDF（TF-IDF + Seg）作为独特性更好。

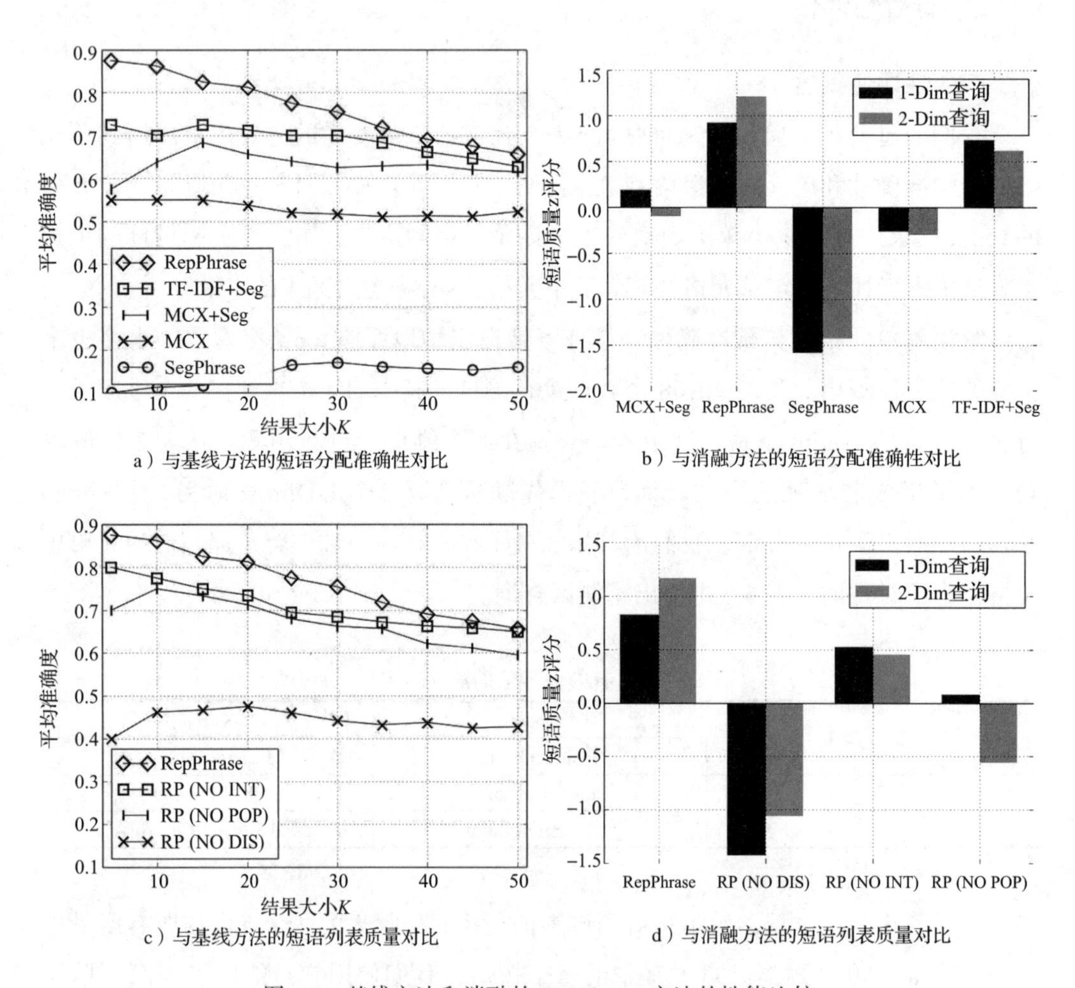

图 6.6 基线方法和消融的 RepPhrase 方法的性能比较

图 6.6b 展示了几种消融方法的比较。我们注意到，在所有消融方法中，RP（NO INT）的准确度最高，而 RP（NO DIS）的准确度最低，这表明了三个标准的相对重要性：独特性 > 普遍性 > 完整性。其中一组有趣的比较是 MCX + Seg 和 RP（NO POP），这两个方法可以看作两个使用不同对比文档组的独立版本的独特性度量。使用动态兄弟单元格作为对比组（RP（NO POP））的效果优于使用静态整体集合（MCX + Seg）的效果，尤其是在排名高的短语上。这进一步证实了选择动态背景而非静态背景的有效性。

单元格到短语列表的评分。我们进行了一项用户研究，以评估 top-*k* 个代表性短语列表的整体质量。同样使用表6.2中的测试查询集。首先，我们对通过每个度量对比排序的top-20个代表性短语可视化。对于每个查询，要让6个用户通过以下3个问题来评估每个短语的质量：这些短语是否有效？这些短语是否与查询相关？这些短语是否能区分目标单元格与其邻域单元格？让用户根据短语是否满足以上3个要求来对每个短语进行1～10的打分。在评分之前，查询单元格的文档的第一段供用户参考。同时，还向每个用户提供替代维度的值，让他们能够充分理解邻域单元格。

对于每个用户，将其评分归一化为一个z评分，即$z=\frac{x-\mu}{\sigma}$，其中μ是用户评分的均值，σ是标准偏差。对评分进行归一化处理有助于消除用户偏见。然后，我们再取6个用户的z评分的均值作为最终质量分数的度量，并使用Fleiss卡帕值来评估质量分数的可靠性。为了计算Fleiss卡帕值，评级被转化为不同度量之间的成对比较。所有用户在基线方法对比上的Fleiss卡帕值为0.656，其中一个消融对比为0.582。图6.6c和图6.6b分别展示了基线方法和消融方法的结果。

图6.6c表明RepPhrase方法具有明显优势，其短语分配结果的准确性都非常好。MCX的效果不好，因为这些短语无法匹配第一个问题。SegPhrase的效果不好，因为它没有考虑普遍性和独特性，将这两种特性相结合可以减轻每种方法的劣势，并获得更好的性能。然而，RepPhrase的效果更好，主要是因为它使用动态生成的背景来计算独特性评分。以下结果揭示了这一点：2-Dim查询的边距大于1-Dim查询的边距，这是因为2-Dim查询在多维空间“更深”的结构中，因而有更多的兄弟单元格，需要通过背景进行更详细的比较，而这只有RepPhrase可以实现。TF-IDF + Seg的性能优于其他基线方法，因为它分别通过TF和IDF来捕获了普遍性和独特性，但在独特性方面比RepPhrase的细粒度低。

在图6.6d中，我们研究了剔除RepPhrase中任意一个因素后对结果产生的影响，实验结果表明每一个因素都是必要的。此外，不考虑独特性评分会降低RepPhrase的性能。因此，这也强调了我们所提出的独特性评分的重要贡献。RP（NO INT）在三种消融方式中表现最佳，这是因为其在候选短语生成中已经通过SegPhrase部分增强了完整性。

案例研究：代表性短语

在表6.3中，我们给出了在NYT数据集上的5个真实查询及其代表性短语列表。查询〈U.S., Gun Control〉和〈U.S., Immigration〉是兄弟单元格，〈U.S., Homely

Politics〉是这两个单元格的父单元格，〈U.S., Domestic Issues〉、〈U.S. Law and Crime〉和〈U.S., Millitary〉也是兄弟单元格。对于前两个查询，已发现的短语与枪支管制和移民有关。相关的短语中既有实体名称，如“the national rifle association”和“guest worker program”，也有类似事件短语，如“assault weapans ban”和“overhaul of the nation’s immigration laws”。在父单元格〈U.S., Domestic Politics〉中，排名靠前的短语涵盖了不同类型的子单元格主题，包括枪支管制、移民、保险法和联邦预算。该列表给出了信息丰富的短语来描述主要的内容。对于〈U.S., Domestic Politics〉的两个兄弟单元格（最后两列），表格还涵盖了涉及的主要实体和主题，如“second order muder”“sexual assault in the military”等。

表 6.3 5 个查询示例的 top-10 代表性短语

〈U.S., Gun Control〉	〈U.S., Immigration〉	〈U.S., Domestic Politics〉	〈U.S., Law and Crime〉	〈U.S., Military〉
Gun laws	Immigration debate	Gun laws	District attorney	Sexual assault in the military
The National Rifle Association	Border security	Insurance plans	Shot and killed	Military prosecutors
Gun rights	Guest worker program	Background check	Federal court	Armed services committee
Background check	Immigration legislation	Health coverage	Life in prison	Armed forces
Gun owners	Undocumented immigrants	Tax increases	Death row	Defense secretary
Assault weapons ban	Overhaul of the nation’s imigration laws	The National Rifle Association	Grand jury	Military personnel
Mass shootings	Legal status	Assault weapons ban	Department of Justice	Sexually assaulted
High capacity magazines	Path to citizenship	Immigration debate	Child abuse	Fort Meade
Gun legislation	Immigration status	The federal exchange	Plea deal	Private Manning
Gun control advocates	Immigration reform	Medicaid program	Second degree murder	Pentagon officials

表 6.4 给出了同一组查询在几个基线方法上执行的结果。我们从这些方法生成的 top-10 短语中选出第一个非代表性短语。如果 top-10 短语全都被标记为代表性短语，则在相应单元格中填写“N/A”。MCX 方法得到的“坏”短语通常完整性

较低，例如“giffords was”。SegPhrase 生成了一些不相关的短语，如“national party”，这是因为 SegPhrase 忽略了普遍性和独特性。MCX + Seg 和 TF-IDF + Seg 粗略地引入了普遍性和独特性，因此其给出了相关性略微提升但仍然不是代表性短语，如“deferred action”和“house republicans”。

表 6.4　基线方法为 5 个查询示例生成的 top-10 短语中的第一个非代表性短语

基线	〈U.S., Gun Control〉	〈U.S., Immigration〉	〈U.S., Domestic Politics〉	〈U.S., Law and Crime〉	〈U.S., Military〉
MCX	Giffords was	Immigrants to become	Democratic leadership aides	Never an informant	Military were sexually
SegPhrase	Columbine High School	National party	Republican governors	South Boston	Diplomatic cables
MCX+Seg	The children's mother	Deferred action	Ana County	Compassionate release	White House
TF-IDF +Seg	N/A	Bipartisan group	House republicans	High school	Service members

还要注意的是，RepPhrase 的短语列表在短词语和长词语间有较好的平衡。这主要归功于 SegPhrase 的完整性候选短语生成和排名度量的设计，该设计在不影响短语长度的情况下平衡了普遍性和独特性。

6.6.3　效率评估

在本节中，我们估算不同方法的时间成本。对于离线计算，我们对比以下算法在物化短语级统计信息上的时间。

1. FULL：物化文本数据库中的每个非空单元格。

2. LEAF：只物化叶子单元格。如果一个单元格没有子单元格，则称为叶子单元格。

3. GREEDY：在 6.5.2 节中介绍的简单贪婪物化策略。

4. UTILITY 1：在 6.5.2 节中介绍的效用指导的贪婪算法，使用 $Q_{\mathrm{tf}}(c')$ 作为效用函数。

5. UTILITY 2：使用在 6.5.2 节中介绍的 $Q_{\mathrm{tf}}(c')(|\mathbb{S}(c')|+1)$ 作为效用函数。

6. UTILITY 3：使用在 6.5.2 节中介绍的 $Q_{\mathrm{tf}}(c')|\{c \in \mathbb{S}(c'), Q(c) \geqslant \mathcal{T}\}|$ 作为效用函数。

7. UTILITY 4：使用在 6.5.2 节中介绍的 $|\mathbb{S}(c')|$ 作为效用函数。

8. UTILITY 5：使用在 6.5.2 节中介绍的 $|\{c \in \mathbb{S}(c'), Q(c) \geqslant \mathcal{T}\}|$ 作为效用函数。

对于在线计算，我们比较以下三种算法。

1. NoPrune：遍历目标单元格中的所有短语，不提前终止或跳过。

2. EarlyTermi w/o skip：当 $u_1(p, c)$ 小于当前 top-k 短语评分时，提前终止。

3. EarlyTermi w/ skip：当 $u_1(p, c)$ 小于当前 top-k 短语评分时，提前终止；当 $u_1(p, c) \cdot u_2(p, c)$ 小于当前 top-k 短语评分时，跳过该短语。

物化评估

物化方法的两个关键评估指标是：存储空间；最坏查询时间。为了降低随机性，我们在每个长方体中按随机化的单元格顺序执行了 5 次物化，并得出平均成本。为了估算最坏查询时间，我们随机抽出 1000 个单元格查询，并给出最耗时的查询的运行时间。所有的运行时间由 EarlyTermi w/ skip 作为在线优化生成，且 $k=50$。

为了研究不同规模的物化策略，我们从不同的维度来创建多个文本数据库。按 Location、Topic、Organization、Person、Year 和 DocType 的顺序逐一增加维度创建 6 个文本数据库（或立方体）。为了区分这些文本数据库，将其分别命名为 **1-Dim、2-Dim、3-Dim、4-Dim、5-Dim、6-Dim 立方体**。虽然这几个数据库来自相同的原始文本数据，但维度不同导致其物化过程也互不相同。随着维度的增加，单元格的数量可能呈指数增长。

图 6.7a 和图 6.7b 展示了 **4-Dim 立方体**和 **6-Dim 立方体**在时间和空间上的权衡。由于 LEAF 和 FULL 策略的最坏查询时间和物化空间突出，因此在表 6.5 中单独展示。在 **4-Dim 立方体**中，我们首先注意到 LEAF 的空间成本较低，为 0.68GB，但是最坏查询时间超过 73s。如果我们像 FULL 一样对 LEAF 中的所有单元格进行物化，那么会达到最坏查询时间，但是只消耗 20GB 空间。其他 6 种策略通过设置不同的时延约束 T 以平衡时间和空间消耗。我们注意到，所有 5 个效用指导的策略都优于 GREEDY，即它们的曲线更接近原点。特别地，UTILITY 1 ～ 3 中的任意一种都达到了最佳平衡，在最坏查询时间相同的情况下，占用的存储空间比 FULL 少 10%，比 GREEDY 少 50%。UTILITY 1 ～ 3 的性能优于 UTILITY 4 ～ 5，因为前者的效用函数是对总成本降低而不是每条记录的成本降低进行奖励。事实证明，在能够满足约束 T 的情况下，UTILITY 1 ～ 3 倾向于避免实现大规模的兄弟单元格，而选择实现小规模的兄弟单元格，同时降低每条记录的成本。实际上，我们发现 $T=6 \times 10^7$ 时的最坏查询时间低于 1.5s，达到了较好的时间和空间的平衡。

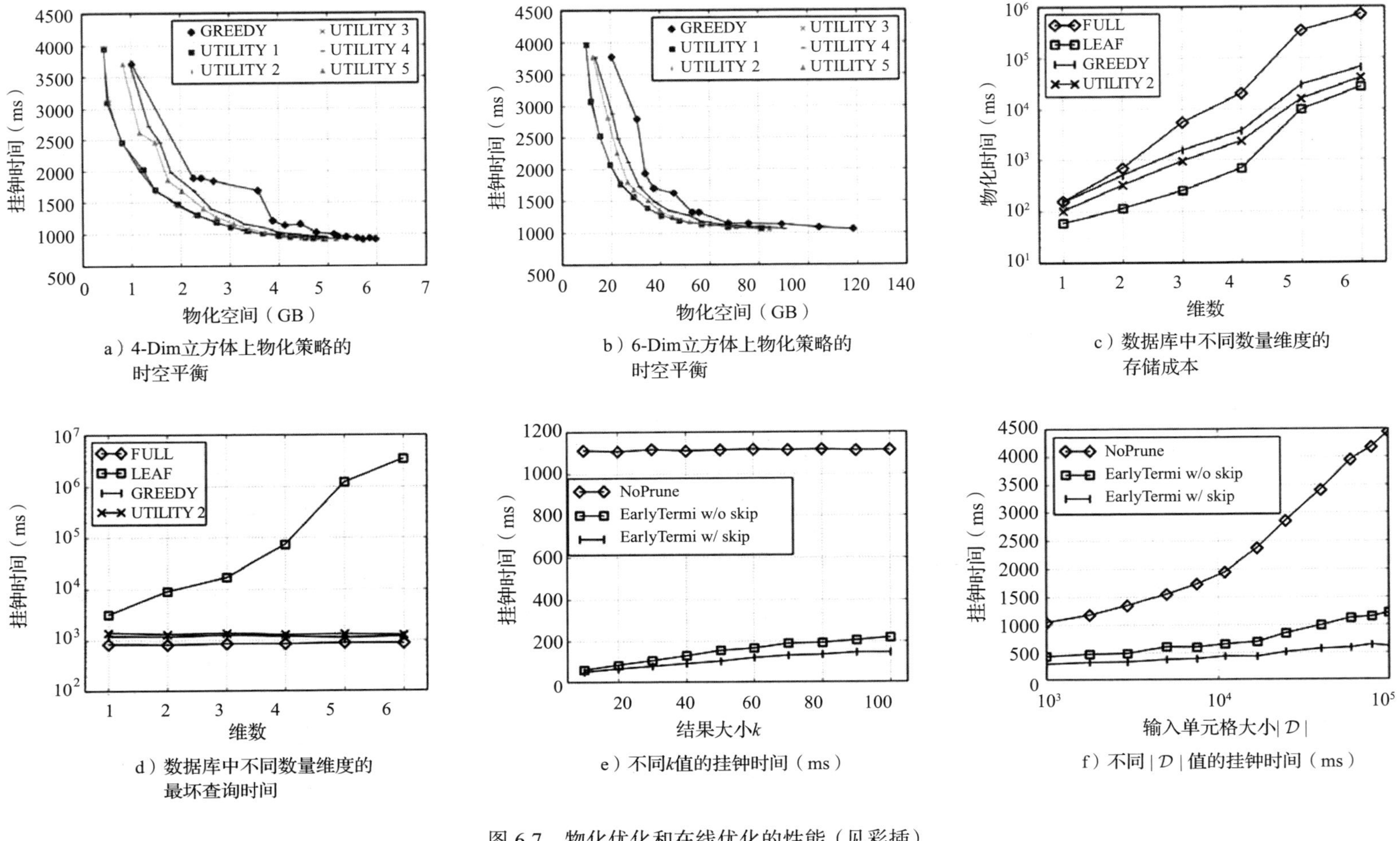

a）4-Dim立方体上物化策略的时空平衡

b）6-Dim立方体上物化策略的时空平衡

c）数据库中不同数量维度的存储成本

d）数据库中不同数量维度的最坏查询时间

e）不同k值的挂钟时间（ms）

f）不同 | $\mathcal{D}$ | 值的挂钟时间（ms）

图 6.7　物化优化和在线优化的性能（见彩插）

表 6.5　LEAF 和 FULL 的时空平衡

	4-Dim 立方体		6-Dim 立方体	
	空间（GB）	时间（s）	空间（GB）	时间（s）
LEAF	0.68	73.2	26.76	3407.5
FULL	20.17	0.86	706.0	0.89

图 6.7c 和 6.7d 展示了不同规模的文本立方体的物化性能。在这两个图中，我们设时延约束 $\mathcal{T}=6\times10^7$。为了简洁，图中只保留了最佳效用指导的策略 UTILITY 2。在图 6.7c 中，维度增加导致存储空间的指数增长并不奇怪。好消息是，随着维度的增加，部分物化策略节省了大部分的存储成本。例如，在 4-Dim 立方体中，UTILITY 2 的存储成本约为 FULL 的 12%，而在 6-Dim 立方体中不到 6%。LEAF 的存储空间增长比 UTILITY 2 的更快，因为维度越多，叶子单元格也越多，而这些小的单元格更有可能在 UTILITY 2 中被跳过。

图 6.7d 展示了不同立方体的最坏查询时间。LEAF 的最坏查询时间随着维度的增加呈指数增长，立方体中的叶子单元格离根单元格越来越远。然而，GREEDY 和 UTILITY 2 的最坏查询时间在固定时延约束后没有太大变化。结合图 6.7c 中的结果，我们得出的结论是，对于更高维度的效用指导的策略，最坏查询时间保持稳定，存储优势更大。

在线优化评估

现在，我们查看不同在线 top-k 算法的查询处理时间。为了区分物化的影响，我们对所有要处理的查询的所有必要信息进行物化，包括兄弟单元格的统计信息。本节中进行的实验已经将所有相关的统计信息事先加载到内存中。

我们使用表 6.2 中的 8 个查询来进行测试，并给出平均运行时间。平均文档数量 $|\mathcal{D}|=1237.13$，一元短语的平均数量 $|\mathcal{P}|=6021.9$。

图 6.7e 给出了不同 k 值的平均挂钟时间。NoPrune 的时间几乎不变，因为 k 只在最后的排名步骤中用到。对于所有的 k 值，要遍历兄弟空间中的每个短语。EarlyTermi w/o skip 和 EarlyTermi w/ skip 都需要大约 50ms 才能完成 top-10 个查询。但是，EarlyTermi w/o skip 的时间随着 k 的增加而快速增加。同时，当 $k=100$ 时，EarlyTermi w/ skip 花费的时间仅是 EarlyTermi w/o skip 的 60%。由于大部分的计算主要集中在独特性评分上，如果我们跳过对一个短语的兄弟单元格的检查，就会大大节省评估这个短语的时间。因此，EarlyTermi w/ skip 生成 top-100 个短语只用了 170ms。

图 6.7f 给出了 $k=50$ 时目标单元格大小 $|\mathcal{D}|$ 从 1000 到 100 000 的平均挂钟时间。我们通过对一个大的单元格进行截取来生成这些查询。随着 $|\mathcal{D}|$ 的增加，提前终止和跳过的优势也越来越明显。这表明我们提出的终止和跳过策略对于查询文档的大小是稳定的。

6.7　小结

在本章中，我们研究了文本立方体中多维文本摘要的问题。我们将其定义为从用户选择的立方体块中选择 top-k 个代表性短语的问题，并介绍了一种基于对比分析的方法。我们的方法的特别之处在于结合了三个标准：完整性、普遍性和独特性。这三个标准组合为一个排名度量，该度量对比立方体单元格中的文档和其兄弟单元格中的数据。此外，为了加快短语排名过程，我们开发了有效的在线优化和离线优化策略。我们的方法是第一个针对多维文本立方体摘要的方法，并且能够以不同的方式进行扩展：首先，比起输出 top-k 个短语，生成 top-k 个语义簇的度量更值得研究，该度量考虑了上下文的范围，并减少了语义冗余；其次，用户在遍历目标单元格之前可能探索几个查询。研究此类查询序列的模式并相应地开发语义的表示形式是我们感兴趣的研究方向。

第 7 章

立方体空间中的跨维度预测

在本章中，我们探讨另一个立方体分析任务：跨维度预测。该任务的目标是在立方体空间中进行跨维度的预测。为了对该问题进行实例化，我们假设一个三维的立方体结构“ topic-location-time”，并在这个三维立方体中进行跨维度预测。由于这三个维度是人类活动的基础因素，因此该立方体结构是跨维度问题的一个很好的范例。即，我们所描述的算法能够轻易地扩展到基于立方体的多维知识挖掘的一般情况。

7.1 概述

时空活动预测的目标是跨三个维度（location、time 和 topic）进行准确的预测。如图 7.1 所示，给定一条文本消息和一个时间戳，我们能否预测该消息是在哪里创建的？相反地，给定一个位置和特定的时间信息，我们能否预测出与该地点和时间点相关的热门关键词？时空活动预测是跨维度预测问题的一个很好的范例，因为想要回答此类问题需要对不同的维度（topic、location、time）的相关性进行建模，并对其进行预测。

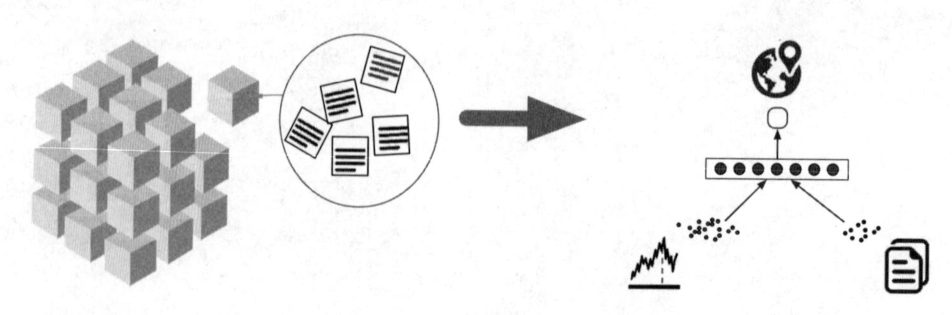

图 7.1　在一个三维立方体（topic-location-time）中进行跨维度预测的示意图

解决跨维度预测问题的新方法是潜在变量模型 [Kling et al., 2014； Sizov, 2010；Yin et al., 2011 ； Zhang et al., 2016a]。具体而言，其通过假设每个潜在主题变量在生成文本关键词的同时也生成位置和时间戳来扩展经典主题模型，如潜在 Dirichlet 分配。而在实际情况下这些生成模型的预测性能都很差，这主要是因为它们对潜在主题强加了分布假设（如定义每个主题的空间分布为高斯分布）。尽管这类假设通过参数设定简化了模型推断的过程，但是这些模型不能很好地拟合真实世界的数据，并对噪声是敏感的。此外，这类生成模型很难扩展到数据规模很大的应用场景中。

我们提出了针对时空活动预测的多模态嵌入方法 CrossMap。与现有的生成模型不同，CrossMap 通过多模态嵌入对时空活动进行建模，该方法将不同维度（location、time、topic）的元素映射到同一空间中，并且很好地保留了不同维度之间的相关性。如图 7.2 所示，如果两个元素相关性很高（例如，JFK 机场区域和关键词 “ flight”），则这两个元素在潜在空间中的表示趋于接近。与现有的生成模型相比，多模态嵌入不强加任何分布假设，并且在学习过程中产生的计算成本更低。

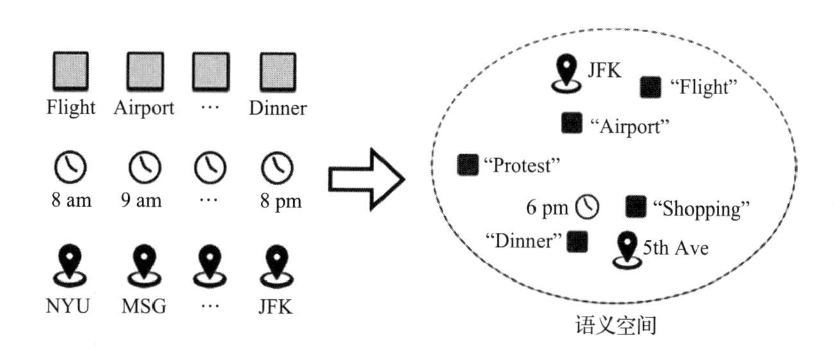

图 7.2　跨维度预测的多模态嵌入示意图（不同维度的词项（如 location、time、text）被映射到同一个潜在空间中，并保留其相关性。这些词项在潜在空间中的表示将用来进行跨维度预测）

为了学习高质量的多模态嵌入，CrossMap 采用了一种新的半监督学习范式。在大量记录中，用户明确指定了其感兴趣的活动类别（例如，户外、商店）。类别信息可以用作干净且结构良好的知识，它可以使我们更好地划分潜在空间中具有不同语义的元素。因此，我们设计的半监督范式利用这些干净的类别信息来指导表示学习，以生成质量更高的嵌入。

此外，在许多时空活动建模的应用中，记录可能是源源不断出现的，而不是批量提供的。我们将展示 CrossMap 能够轻易地扩展为在线版本，该版本强调使用更多的当前的记录以进一步提升性能。

以下是本章的概述。

1. 我们提出了一种用于时空活动建模的多模态嵌入方法。与现有的生成模型不同，CrossMap 直接将所有维度的元素嵌入一个低维向量空间，并保留其类型间的相互作用。这样的多模态嵌入框架不强加任何分布假设，并且能在学习过程中产生较低的计算成本。

2. 我们提出了一种用于学习多模态嵌入的半监督学习范式。通过将给定记录与外部知识（例如 Wikipedia）相链接，半监督范式有效地合并了外部知识，能够指导学习高质量的多模态嵌入，以划分潜在空间中的不同语义。

3. 我们介绍了一些技术，使得当新的记录持续出现时，CrossMap 能够进行在线更新。具体而言，我们探讨两种策略：第一种策略是对记录增加生命衰减的权重，以便强调最新记录；第二种策略是将过去的嵌入视为先验知识，并采用一个约束优化程序来更新嵌入。这两种策略可以产生对最新记录有感知的预测模型，从而进一步提升 CrossMap 的性能。

4. 我们在三个大型社交媒体数据集上对 CrossMap 进行了评估。实验表明，CrossMap 明显优于新的时空活动预测方法。

7.2　相关工作

新的时空活动建模模型 [Hong et al., 2012；Kling et al., 2014；Mei et al., 2006；Sizov, 2010；Wang et al., 2007；Yin et al., 2011；Yuan et al., 2013] 通过扩展主题模型来使用潜在变量模型。值得注意的是，Sizov[2010] 假设每个潜在主题在文本上具有多项式分布，以及在纬度和经度上具有两个高斯分布，以此来扩展 LDA[Blei et al., 2003b]。他后续又对模型进行了扩展以找出具有复杂且非高斯分布的主题 [Kling et al., 2014]。Yin 等 [2011] 假设每个区域都有一个生成位置的正态分布，以及生成文本的潜在主题的多项分布，来扩展 PLSA [Hofmann, 1999]。上述模型的目标是检测全球地理主题，而 Hong 等 [2012] 和 Yuan 等 [2013] 在建模过程中引入了用户因素，以便可以推断出用户的个人偏好。我们的研究更类似于 [Kling et al., 2014；Sizov, 2010；Yin et al., 2011]，因为我们也是对全球的时空活动进行建模，而非个人偏好。也就是说，我们针对时空活动建模提出的方法与这些研究有本质的区别。与使用潜在变量模型来桥接不同维度的方法不同，我们的方法直接将不同维度的词项映射到相同的潜在空间，来保留其相关性。这样的多模态嵌入方法能够以更直接的和可扩展的方式来捕获跨维度的关联性。

7.3 准备工作

7.3.1 问题描述

设 $\mathcal{R}$ 是一个三维立方体（topic-location-time）中的活动记录的语料库，其中的每个记录 $r \in \mathcal{R}$ 被定义为一个三元组 $\langle t_r, l_r, m_r \rangle$，其中：$l_r$ 是一个二维向量，表示用户创建记录 r 时所在的位置；t_r 是记录被创建的时间[⊖]；m_r 是表示 r 的文本消息的一个关键词袋。

我们的目标是使用大量活动记录在时空空间中对用户行为进行建模。由于三个不同的维度（即 location、time 和 text）之间存在各种复杂的关系，因此一个有效的时空活动模型应该能够准确地捕获不同维度之间的相关性。给定其中任意两个维度，活动模型需要预测出另外一个维度。具体而言，其需要解决：在一个特定的时间和地点发生了什么典型活动？给定一个活动和时间，该活动通常在哪里发生？给定一个活动和位置，该活动通常何时发生？

7.3.2 方法概述

一个有效的时空活动模型应该能够准确地捕获 location、time 和 text 三个维度之间的相关性。为此，现有的模型 [Kling et al., 2014；Sizov, 2010；Yin et al., 2011] 假设潜在状态会根据预定义的分布来生成多维观测值（例如，假设维度 location 遵循高斯分布）。然而，分布假设可能无法很好地拟合真实数据。例如，与海滩有关的活动通常分布在形状复杂的海岸线上，无法用高斯分布对其进行很好的建模。此外，学习这种生成模型通常很耗时。因此，我们可以更直接地捕获多个维度之间的相关性吗？

我们开发了一个联合嵌入模块，以有效且高效地捕获 location、time 和 text 之间的跨维度相关性。与现有的生成模型不同，这些模型使用潜在状态间接地桥接不同的数据类型，而我们的嵌入流程通过将所有的词项映射到一个公共的欧几里得空

⊖ 我们通过计算原始时间的偏移量（秒）w.r.t 12:00AM 将其转化为 [0, 86400] 内的数值。

间来捕获其跨维度相关性[1]。

对于学习这种多模态嵌入，很自然的一个设计是使用基于重构的策略：该策略将每条记录视为一个多维关系，并学习嵌入来最大限度地观察给定记录的似然。但是，为了学习质量更好的多模态嵌入，我们观察到大量记录可以与外部知识相关联。例如，许多推文都明确指定了兴趣点（POI）。这些记录的类别信息（例如，室外、商店）是干净且结构良好的，可以用作区分不同语义的有用信号。我们将这些类别作为标签，并设计一种半监督范式来指导多模态嵌入的学习。

图 7.3 给出了 CrossMap 的框架。在较高的层上，CrossMap 旨在学习嵌入 L、T、W 和 C，其中：L 是区域的嵌入；T 是时间的嵌入；W 是关键词的嵌入；C 是类别的嵌入。以 L 为例，每个元素 $\mathbf{v}_l \in L$ 是一个 D 维向量（$D>0$），表示区域 l 的嵌入。如图所示，它采用半监督范式进行多模态嵌入。对于一个未标记的记录 r_u，我们优化嵌入 L、T、W 来恢复 r_u 的属性；对于一个标记的记录 r_l，我们优化嵌入 L、T、W、C 来进行属性恢复和活动分类。在此过程中，区域、时间、关键词的嵌入在这两个任务中是共享的，而类别嵌入是特定于活动分类任务的。通过这种方式，活动类别的语义将从标记记录传递到未标记记录，从而更好地在潜在空间中划分具有不同语义的元素。

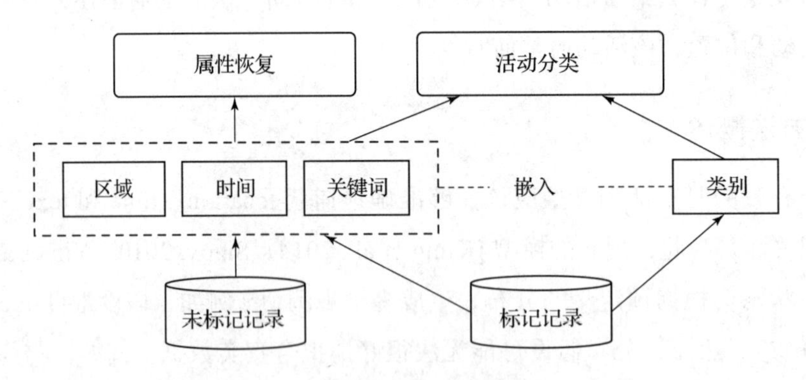

图 7.3　CrossMap 的半监督多模态嵌入框架

此外，我们提出了对 CrossMap 已学到的嵌入进行在线更新的策略。当新记录的集合 $\mathcal{R}_\Delta$ 到达时，我们的目标是更新嵌入（L, T, W, C）以适应 $\mathcal{R}_\Delta$ 中包含的信息。虽然它尝试使用 $\mathcal{R}_\Delta$ 重新学习该嵌入，但是这种做法不仅会增加不必要的计算

[1] 虽然关键词可以用作文本部分的自然嵌入元素，但由于空间和时间是连续的，所以无法嵌入每个位置和时间戳。因此，我们将每个时间戳映射到一天中的某个时刻，并将映射时刻用作基本时间元素，这样就有 24 个可能的时间元素。同样，我们将地理空间划分为大小相等的区域，并将每个区域视为基本的空间元素。

开销，还会导致新的数据过拟合。为了解决这个问题，我们提出了两种在线学习策略，在最大程度保留先前嵌入中已编码的信息的同时，有效地合并新的记录。

7.4　半监督多模态嵌入

在本节中，我们介绍半监督的多模态嵌入模块，该模块将所有空间、时间和文本词项映射到一个公共的欧几里得空间中。在这里，一个空间词项是一个空间区域，一个时间词项是一个时间周期，一个文本词项是一个关键词。如图 7.3 所示，我们的半监督多模态嵌入算法在多任务学习环境下学习这些词项的表示。通过联合优化无监督的重构任务和监督的分类任务，我们的算法利用外部知识来指导嵌入的学习过程。接下来，我们将分别在 7.4.1 节和 7.4.2 节中介绍无监督任务和监督任务，然后在 7.4.3 节中给出优化程序。

7.4.1　无监督重构任务

无监督重构任务的目标是保留给定记录中观察到的相关性。这里所遵循的一个关键原则是学习嵌入 L、T、W，以便能够重构在 location、time 和 text 之间观测到的关系。我们将无监督任务定义为一个属性重构任务：假定 r 的其他属性已经被观测到，学习嵌入 L、T、W，以最大限度地恢复记录 r 的每一个属性。

给定一条记录 r，对于任意类型为 X（location、time 或 keyword）的属性 $i \in r$，我们将当前观测属性 i 的似然建模为

$$p(i|r_{-i}) = \exp(s(i, r_{-i})) / \sum_{j \in X} \exp(s(j, r_{-i}))$$

其中，r_{-i} 是 r 中除 i 之外的所有属性的集合，而 $s(i, r_{-i})$ 是 i 和 r_{-i} 之间的相似性得分。

在上面的公式中，关键是如何定义 $s(i, r_{-i})$。一个自然的想法是对 r_{-i} 中的属性嵌入取平均值，$s(i, r_{-i})$ 的计算方式为 $s(i, r_{-i}) = \boldsymbol{v}_i^{\mathrm{T}} \sum_{j \in r_{-i}} \boldsymbol{v}_j / |r_{-i}|$，其中 $\boldsymbol{v}_i$ 是属性 i 的嵌入。然而，这个简单的定义没有考虑空间和时间的连续性。以空间连续性为例，根据地理的第一定律：*所有事物都是相互关联的，但是距离近的事物比距离远的事物相关度更高*。为了实现空间平滑度，两个邻近的空间的词项应该被认为是相关的，而非相互独立的。我们引入空间平滑（spatial smoothing）和时间平滑（temporal smoothing）来捕获时空连续性。利用平滑技术，CrossMap 不仅可以保持相邻区域

和周期的局部一致性，而且可以减轻数据稀疏性。

图 7.4 展示了空间平滑和时间平滑过程。如图所示，对于每个区域 l，我们引入一个伪区域 $\hat{l}$ 。$\hat{l}$ 的嵌入是区域 l 及其相邻区域的嵌入的加权平均值，即

$$\boldsymbol{v}_{\hat{l}}=\left(\boldsymbol{v}_l+\alpha\sum_{l_n\in\mathcal{N}_l}\boldsymbol{v}_{l_n}\right)/(1+\alpha|\mathcal{N}_l|)$$

其中，$\mathcal{N}_l$ 是 l 的相邻区域的集合，α 是空间平滑常数。同样地，对于每个周期 t，我们也引入一个伪周期 $\hat{t}$ ，$\hat{t}$ 的嵌入是 t 及其相邻周期的嵌入的加权平均值：

$$\boldsymbol{v}_{\hat{t}}=\left(\boldsymbol{v}_t+\beta\sum_{t_n\in\mathcal{N}_t}\boldsymbol{v}_{t_n}\right)/(1+\beta|\mathcal{N}_t|)$$

其中，$\mathcal{N}_t$ 是 t 的相邻周期的集合，β 是时间平滑常数。实际情况下，取 α=0.1 和 β=0.1 往往能够使模型达到令人满意的性能。

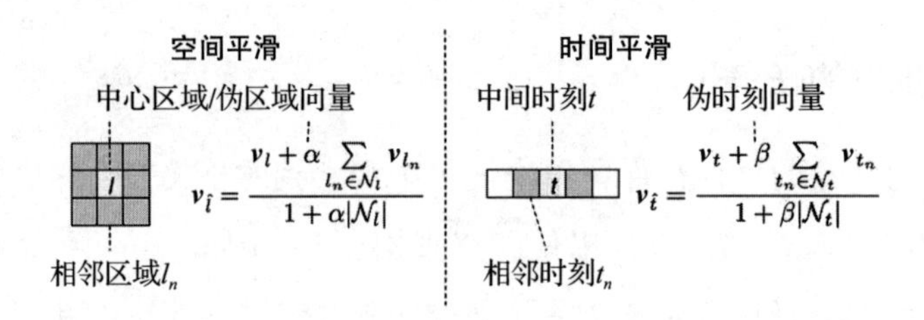

图 7.4　空间平滑和时间平滑（对于每个区域（周期），我们将其与相邻区域（周期）相结合以生成一个伪区域（周期））

除了上面的伪区域和伪周期的嵌入之外，我们还引入了伪关键词嵌入，以简化符号表示。给定 r_{-i}，其伪关键词嵌入定义如下：

$$\boldsymbol{v}_{\hat{w}}=\sum_{w\in\mathcal{N}_w}\boldsymbol{v}_w/|\mathcal{N}_w|$$

其中，$\mathcal{N}_w$ 是 r_{-i} 中的关键词集合。通过这些伪嵌入，我们定义一个平滑的 $s(i, r_{-i})$ 为 $s(i, r_{-i})=\boldsymbol{v}_i^{\mathrm{T}}\boldsymbol{h}_i$。其中

$$\boldsymbol{h}_i=\begin{cases}\dfrac{\boldsymbol{v}_{\hat{l}}+\boldsymbol{v}_{\hat{t}}+\boldsymbol{v}_{\hat{w}}}{3} & i\text{ 为一个关键词}\\[2ex] \dfrac{\boldsymbol{v}_{\hat{t}}+\boldsymbol{v}_{\hat{w}}}{2} & i\text{ 为一个区域}\\[2ex] \dfrac{\boldsymbol{v}_{\hat{l}}+\boldsymbol{v}_{\hat{w}}}{2} & i\text{ 为一个周期}\end{cases}$$

设 $\mathcal{R}_\text{U}$ 是一个记录的集合，用于学习时空活动模型。属性恢复任务的最终损失函数只是 $\mathcal{R}_\text{U}$ 中记录的所有观测属性的负对数似然：

$$J_{\mathcal{R}_\text{U}} = -\sum_{r\in\mathcal{R}_\text{U}}\sum_{i\in r}\log p(i|r_{-i}) \tag{7.1}$$

7.4.2　监督分类任务

监督分类任务利用外部知识来指导多模态嵌入过程。在与知识库进行链接以获取那些我们感兴趣的记录的活动类别信息之后，我们得到记录 $\mathcal{R}_\text{U}$ 中被标记的一个子集。现在监督分类任务的目标就是学习嵌入，以便 $\mathcal{R}_\text{U}$ 中那些标记记录的活动类别可以被正确地预测。设 r 是一个属于类别 c 的标记记录。最基本的直觉是使 c 的嵌入接近 r 中的构成属性。基于此，我们将 r 属于类别 c 的概率建模为

$$p(c|r) = \exp(s(c,r)) / \sum_{c'\in C}\exp(s(c',r))$$

对于相似度评分 $s(c, r)$，我们使用类似于属性恢复任务中的平滑技术对其进行定义。即，$s(c,r) = \boldsymbol{v}_c^\text{T}\boldsymbol{h}_r$，其中 $\boldsymbol{h}_r = (\boldsymbol{v}_{\hat{l}} + \boldsymbol{v}_{\hat{t}} + \boldsymbol{v}_{\hat{w}})/3$。

活动分类任务的目标函数为预测 $\mathcal{R}_\text{U}$ 中记录的活动类别的负对数似然函数：

$$J'_{\mathcal{R}_\text{U}} = -\sum_{r\in\mathcal{R}_\text{U}}\log p(c|r) \tag{7.2}$$

7.4.3　优化程序

在多任务学习环境下（图 7.3），我们联合优化无监督目标函数 $J_{\mathcal{R}_\text{U}}$ 和监督目标函数 $J'_{\mathcal{R}_\text{U}}$。为了提升优化的效率，我们使用了 SGD 和负采样 [Mikolov et al., 2013]。我们先介绍无监督损失函数 $J_{\mathcal{R}_\text{U}}$。在任意时刻，我们使用 SGD 抽取一条记录 r 和属性 $i\in r$。对于负采样，我们随机选出 K 个负属性，这些负属性与 i 的类型相同，但是不属于 r，已选样本的损失函数为

$$J_r = -\log\sigma(s(i,r_{-i})) - \sum_{k=1}^{K}\log\sigma(-s(k,r_{-i}))$$

其中，$\sigma(\cdot)$ 是 sigmoid 函数。$\boldsymbol{v}_i$、$\boldsymbol{v}_k$ 和 $\boldsymbol{h}_i$ 的更新规则可以通过对 J_r 求导得到：

$$\frac{\partial J_r}{\partial \boldsymbol{v}_i} = (\sigma(s(i,r_{-i}))-1)\,\boldsymbol{h}_i\,,$$

$$\frac{\partial J_r}{\partial \boldsymbol{v}_k}=\sigma(s(i,r_{-i}))\,\boldsymbol{h}_i\,,$$

$$\frac{\partial J_r}{\partial \boldsymbol{h}_i}=(\sigma(s(i,r_{-i}))-1)\,\boldsymbol{v}_i+\sum_{k=1}^{K}\sigma(s(k,r_{-i}))\,\boldsymbol{v}_k$$

对于 $\boldsymbol{h}_i$ 中的任意属性 j，都有 $\frac{\partial L}{\partial \boldsymbol{v}_j}=\frac{\partial L}{\partial \boldsymbol{h}_i}\cdot\frac{\partial \boldsymbol{h}_i}{\partial \boldsymbol{v}_j}$，因为 $\boldsymbol{h}_i$ 对于 j 是线性函数，所以 $\frac{\partial \boldsymbol{h}_i}{\partial \boldsymbol{v}_j}$ 易于计算。

监督损失函数 $J'_{\mathcal{R}_U}$ 同样可以通过 SGD 和负采样进行有效的优化。具体而言，给定具有正类别 c 的标记记录 r，我们随机选出一个负类别 c'，满足 $c'\neq c$。活动分类任务中的 r 的损失函数为

$$J_r=-\log\sigma(s(c,r))-\log\sigma(-s(c',r))$$

与属性恢复任务中的求导类似，属性和类别的更新规则也可以简单地通过先对 J_r 求导，再使用 SGD 得到。

7.5　多模态嵌入的在线更新

在本节中，我们将介绍 CrossMap 的在线学习过程。给定一个新记录集合 $\mathcal{R}_\Delta$，我们的目标是更新多模态嵌入 L、W、T 以捕获 $\mathcal{R}_\Delta$ 中的信息。上述在线学习框架的关键问题是如何有效地结合利用 $\mathcal{R}_\Delta$ 中的信息来更新嵌入并且不会过拟合。基于该问题，我们提出了两个不同的策略：一个策略是生命衰减学习，另一个策略是基于约束的学习。接下来，我们将分别在 7.5.1 节和 7.5.2 节中详细介绍这两个策略，然后在 7.5.3 节中分析这两个策略的空间和时间复杂度。

7.5.1　生命衰减学习

我们的第一个策略是生命衰减学习，它为数据流中的记录分配不同的权重，记录越新，分配的权重越高。具体而言，对于数据流中的任意一个记录 r，将其权重设置为

$$w_r=\mathrm{e}^{-\tau a_r}$$

其中，$\tau>0$ 是衰减参数，a_r 是 r 相对于当前时刻的寿命。分配权重方法的一般原理是强调最新的记录，更关注城市生活的最新观察值。另一方面，数据流中的旧记录

并未被完全忽略，我们为其分配较小的权重，并且利用这些记录进行模型训练以避免过拟合。

实际上，由于数据流中的数据规模巨大，因此想要存储所有观测到的记录是不可行的。为了解决这个问题，我们维护了一个不断更新的缓冲区 $\mathcal{B}$，如图 7.5 所示。缓冲区 $\mathcal{B}$ 由 m 个存储桶 $B_0, B_1, \cdots, B_{m-1}$ 构成，其中所有存储桶的时间跨度 ΔT 相同。对于每个桶 B_i（$0 \leqslant i \leqslant m$），为其分配一个指数衰减权重 $e^{-\tau i}$，该权重表示在相应的时间跨度内保留的样本的百分比。换言之，最近的桶 B_0 包含了该时间跨度内整个记录集，下一个桶 B_1 保留相应记录的比例是 $e^{-\tau}$，依此类推。当新的记录集 $\mathcal{R}_\Delta$ 到达时，缓冲区 $\mathcal{B}$ 被更新到相应的 $\mathcal{R}_\Delta$ 中。新的记录 $\mathcal{R}_\Delta$ 被完整地保存到最新的桶 B_0 中。对于其他的每个桶 B_i（$i>0$），其前一个桶 B_{i-1} 的记录以比率 $e^{-\tau}$ 降采样，然后移动到 B_i 中。

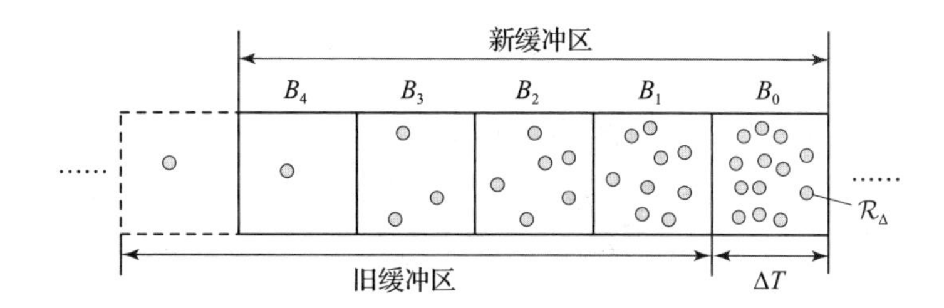

图 7.5　维护生命衰减学习的缓冲区 $\mathcal{B}$（对于任意桶 B_i，落在 B_i 时间跨度中的所有记录的 $e^{-\tau i}$（百分比）用于模型更新。当新的记录到达时，基于降采样和移动来对 $\mathcal{B}$ 进行更新）

算法 7.1 概述了基于生命衰减策略的 CrossMap 的学习过程。如算法所示，当新记录集合 $\mathcal{R}_\Delta$ 到达时，我们首先通过降采样将记录从 B_{i-1} 移动到 B_i（第 1 ～ 2 行），然后将 $\mathcal{R}_\Delta$ 完整地存储到 B_0 中（第 3 行）。一旦缓冲区 $\mathcal{B}$ 更新完，我们就从 $\mathcal{B}$ 中随机采样记录（第 4 ～ 7 行）以更新嵌入。首先，对于任意记录 r，我们考虑属性恢复任务，并更新嵌入 L、T 和 W，以便 r 的属性可以得到正确的恢复。其次，如果 r 已被标记，我们就进一步更新 L、T、W 和 C，以便 r 可以被划分到正确的活动类别中。在 $\mathcal{R}_\text{U}$ 上重复该过程多个周期，直到更新后的 L、T、W 和 C 的嵌入被输出。

7.5.2　基于约束的学习

生命衰减策略依赖于缓冲区 $\mathcal{B}$ 以将旧记录保留在 $\mathcal{R}_\Delta$ 中，从而既能够合并 $\mathcal{R}_\Delta$ 中的信息又不会过拟合。然而，维护一个缓冲区 $\mathcal{B}$ 会增加空间和时间开销。为了避

算法 7.1　CrossMap 的生命衰减学习

输入：旧嵌入 L、T、W 和 C；m 个存储桶的缓冲区 $\mathcal{B} = \{B_0, B_1, \cdots, B_{m-1}\}$；新记录的集合 R_Δ。
输出：更新后的缓冲区 $\mathcal{B}$ 和嵌入 L、T、W 和 C。

1: **for** i from 1 to n **do**
2: 　$B_i \leftarrow e^{-\tau}$-downsampled records from B_{i-1}
3: **end for**
4: $B_0 \leftarrow \mathcal{R}_\Delta$
5: $\mathcal{R}_\cup \leftarrow \mathcal{B}_{m-1} \cup \mathcal{B}_{m-2} \cdots \cup \mathcal{B}_0$
6: **for** epoch from 1 to N **do**
7: 　**for** i from 1 to $|\mathcal{R}_\Delta|$ **do**
8: 　　$r \leftarrow$ Randomly sample a record from $\mathcal{R}_\cup$ {for labeled and unlabeled records}
9: 　　Update L, T, and W for recovering r's attributes {for only labeled records}
10: 　　**if** r is labeled **then**
11: 　　　Update L, T, W, and C for classifying r's activity
12: 　　**end if**
13: 　**end for**
14: **end for**
15: Return $\mathcal{B}$, L, T, W, and C

免这种开销，我们提出了一种基于约束的学习的策略。其核心思想是通过微调先前的嵌入来适应新的记录 $\mathcal{R}_\Delta$。在微调过程中，我们增加了约束条件：已更新的嵌入与之前的嵌入没有太大差异。通过这种方式，CrossMap 在遵守先前嵌入中的先验知识的同时，对 $\mathcal{R}_\Delta$ 进行优化。算法 7.2 描述了 CrossMap 的基于约束的学习过程。如算法 7.2 所示，当新记录 $\mathcal{R}_\Delta$ 到达时，我们直接使用这些新记录进行多个周期的嵌入更新，而属性恢复和活动分类的更新也都是在约束条件下执行的。

算法 7.2　CrossMap 的基于约束的学习

输入：旧嵌入 L、T、W 和 C；新记录的集合 $\mathcal{R}_\Delta$。
输出：更新后的嵌入 L、T、W 和 C。

1: **for** epoch from 1 to N **do**
2: 　Randomly shuffle the records in $\mathcal{R}_\Delta$
3: 　**for all** $r \in \mathcal{R}_\Delta$ **do**
4: 　　Update L, T, and W for constrained attribute recovery
5: 　　**if** r is labeled **then**
6: 　　　Update L, T, W, and C for constrained activity classification
7: 　　**end if**
8: 　**end for**
9: **end for**
10: Return L, T, W, and C

我们先来看基于约束的属性恢复任务。给定新记录 $\mathcal{R}_\Delta$ 及其属性，我们的目标是恢复 $\mathcal{R}_\Delta$ 的属性，但是现在我们新增一个正则项以确保最终的嵌入也保留了先前的嵌入。形式上，我们给出属性恢复的目标函数：

$$J_{\mathcal{R}_\Delta} = -\sum_{r\in\mathcal{R}_\Delta}\sum_{i\in r}\log p(i|r_{-i}) + \lambda\sum_{i\in L,T,W,C}\|\boldsymbol{v}_i - \boldsymbol{v}'_i\|^2$$

其中，$\boldsymbol{v}_i$ 是属性 i 的已更新嵌入，$\boldsymbol{v}'_i$ 是 $\mathcal{R}_\Delta$ 到达前属性 i 在过去已学到的嵌入。在上面的目标函数中，我们需要注意正则项 $\sum_{i\in L,T,W,C}\|\boldsymbol{v}_i - \boldsymbol{v}'_i\|^2$，它避免了已更新的嵌入相较于先前的嵌入发生重大改变。$\lambda(\lambda \geqslant 0)$ 的值用于控制正则项的强度。当 $\lambda=0$ 时，优化嵌入单纯为了拟合 $\mathcal{R}_\Delta$；当 $\lambda=\infty$时，学习过程完全忽略了新记录，所有的嵌入保持不变。

我们依旧结合 SGD 和负采样来优化上述目标函数。考虑一个记录 r 和一个属性 $i \in r$。通过负采样，我们随机地选择 K 个负属性 N_i^-，则所选样本的目标函数为

$$J_r = -\log\sigma(s(i, r_{-i})) - \sum_{k\in N_i^-}\log\sigma(-s(k, r_{-i})) + \lambda\sum_{i\in\{r\}\cup N_i^-}\|\boldsymbol{v}_i - \boldsymbol{v}'_i\|^2$$

不同属性的更新规则都可以简单地通过对 J_r 求导得到。以属性 i 为例，相应的导数和更新规则如下：

$$\frac{\partial J_r}{\partial \boldsymbol{v}_i} = (\sigma(s(i, r_{-i})) - 1)\,\boldsymbol{h}_i + 2\lambda(\boldsymbol{v}_i - \boldsymbol{v}'_i)$$

$$\boldsymbol{v}_i \leftarrow \boldsymbol{v}_i + \eta\,(1 - \sigma(s(i, r_{-i})))\,\boldsymbol{h}_i - 2\eta\lambda(\boldsymbol{v}_i - \boldsymbol{v}'_i)$$

其中，η 是 SGD 的学习速率。

通过检查 i 的更新规则，我们发现基于约束的策略具有两个吸引人的特性：基于约束的策略尝试让 i 的嵌入接近 r 中的其他属性的平均嵌入（如 $\boldsymbol{h}_i$），特别地，在当前嵌入无法生成 i 和 r_i 的高相似度得分时，即 $s(i, r_{-i})$ 很小时，更新过程会采取积极的步骤将 $\boldsymbol{v}_i$ 推至 $\boldsymbol{h}_i$；对于 $-2\eta\lambda(\boldsymbol{v}_i - \boldsymbol{v}'_i)$，已学到的嵌入基于约束条件保留了先前嵌入的编码信息，具体而言，如果已学到的嵌入 $\boldsymbol{v}_i$ 与先前的嵌入 $\boldsymbol{v}'_i$ 的偏差太大，则更新规则在某种程度上将去掉差异，将 $\boldsymbol{v}_i$ 拉回至靠近 $\boldsymbol{v}'_i$。

我们继续来看在基于约束的策略下进行的活动分类任务。该任务的总体目标是使 $\mathcal{R}_\Delta$ 的活动分类预测的对数似然最大化，同时使其与先前嵌入的偏差最小。对于活动类别 c 的任意记录 r，我们使用 SGD 生成一个负类别 c'，并将目标函数定义为

$$J_r = -\log\sigma(s(c, r)) - \log\sigma(-s(c', r)) + \lambda\sum_{c\in\{c, c'\}}\|\boldsymbol{v}_c - \boldsymbol{v}'_c\|^2$$

同样地，上述函数中不同变量的更新规则也可以简单地通过对 J_r 求导得到，此处不再赘述。

7.5.3　复杂度分析

空间复杂度。对于生命衰减学习和基于约束的学习，我们都需要存储整个区域、周期、关键词和类别的嵌入。设 D 为潜在空间的维度，要存储所有这些嵌入的空间成本为 $O(D(|L|+|T|+|W|+|C|))$，其中 $|L|$、$|T|$、$|W|$ 和 $|C|$ 分别是区域、周期、关键词和类别的数量。此外，这两种策略都需要保留训练记录集。对于基于约束的学习，这部分的空间成本为 $O(|\mathcal{R}_{\max}|)$，其中 $|\mathcal{R}_{\max}|$ 是一次到达的新记录的最大数量。生命衰减学习策略需要同时存储新记录和旧记录。由于在桶上使用了指数衰减采样率，所以存储这些记录需要的空间成本为

$$O\left(|\mathcal{R}_{\max}|(1+e^{-\tau}+\cdots+e^{-(m-1)\tau})\right)=O\left(|\mathcal{R}_{\max}|\frac{1-e^{-m\tau}}{1-e^{-\tau}}\right)$$

时间复杂度。我们首先分析基于约束的学习策略的时间复杂度。从算法 7.2 中我们可以看到，基于约束的策略需要对 $\mathcal{R}_{\Delta}$ 进行 N 个周期的遍历，并在每一个周期内对 $\mathcal{R}_{\Delta}$ 中的所有记录进行一次处理。因此，时间复杂度为 $O(NDM^2|\mathcal{R}_{\max}|)$，其中 M 是任意记录中的最大属性数量，由于 N 和 D 已经预先设定，且 M 通常足够小，因此 CrossMap 随着 $\mathcal{R}_{\Delta}$ 近似线性缩放。类似地，生命衰减策略的时间复杂度推导为 $O(NDM^2|\mathcal{R}_{\max}|+|\mathcal{R}_{\cup}|)$，其中 $|\mathcal{R}_{\cup}|=|\mathcal{R}_{\max}|(1-e^{-m\tau})/(1-e^{-\tau})$。

7.6　实验

在本节中，我们将对 CrossMap 进行经验评估，以研究以下相关问题：与现有方法相比，它是否能够更好地捕获区域、周期和活动之间的相关性？在线学习模块的性能如何？已学习的嵌入对下游应用是否有用？

7.6.1　实验设计

数据集

我们的实验基于以下三个真实数据集开展。

1. 第一个数据集为 LA，它包含在美国洛杉矶发布的约 110 万条带有地理标签的推文。我们在 2014 年 8 月 1 日～ 2014 年 11 月 30 日期间监听 Twitter Streaming API[㊀]，并在洛杉矶地界中持续收集带地理位置标签的推文，以此来爬取 LA 数据集。

㊀ https://dev.twitter.com/streaming/overview。

此外，我们通过 Foursquare 的公共 API[⊖]爬取了洛杉矶的所有 POI。我们将爬取的约 11 万条推文链接到 POI 数据库，并将其分配到以下类别：食品、商店和服务，旅行和运输，大学和学院，夜生活场所，住宅，户外和休闲，艺术和娱乐，专业，其他。我们对原始数据进行了如下预处理。对于文本部分，我们删除了用户提及、URL、停用词，以及在语料库中出现次数少于 100 的词。对于时间和空间，我们将洛杉矶地区划分为 300m × 300m 的小网格，并将一天划分为 24 个窗口，每个窗口为 1 小时。

2. 第二个数据集是 NY，该数据集也是从 Twitter 上收集的，并将其与 Foursquare 链接。它包含 2014 年 8 月 1 日～ 2014 年 11 月 30 日期间在美国纽约市发布的约 120 万条带有地理标签的推文，我们将其中的约 10 万条与 Foursquare POI 链接起来。对该数据集的预处理同上。

3. 第三个数据集是 4SQ，该数据来源于 Foursquare，由 2010 年 8 月～ 2011 年 10 月期间在纽约发布的约 70 万个 Foursquare 签到程序组成。该数据集主要用于评估 CrossMap 在活动分类的下游任务中的性能。同样地，我们删除了用户提及、URL、停用词和在语料库中出现次数少于 100 的词。

基线

我们将 CrossMap 模型与以下基线方法进行比较。

- LGTA [Yin et al., 2011] 是一个地理主题模型，它假设了多个潜在的空间区域，每个区域符合高斯分布。同时，每个区域在产生关键词的潜在主题上都有多项分布。
- MGTM [Kling et al., 2014] 是基于多重 Dirichlet 过程的新地理主题模型。它能够找出非高斯分布的地理主题，并且不需要预先指定的主题数量。
- Tensor [Harshman, 1970] 建立了一个 4-D 张量来对位置、时间、文本和类别的共现进行编码，然后分解张量以获取所有元素的低维表示。
- SVD 首先在位置、时间、文本和类别的两两之间构造共现矩阵，然后对矩阵执行奇异值分解。
- TF-IDF 在位置、时间、文本和类别的两两之间构造共现矩阵。然后通过将行视为文档、将列视为单词，为矩阵中的每个实体计算 TF-IDF 权重。

与 CrossMap 方法类似，Tensor、SVD 和 TF-IDF 也依赖于空间和时间划分来获取区域和周期。对于这些方法，我们使用相同的划分粒度以确保公平对

⊖ https://developer.foursquare.com/。

比。除此之外，我们还实现了CrossMap的弱化版本，以验证半监督范式的有效性：CrossMap-Unsupervised是CrossMap的一个变体，它没有使用类别信息作为距离监督。换言之，CrossMap-Unsupervised只利用无监督方式来训练嵌入。除了CrossMap-Unsupervised之外，还有两个CrossMap的在线学习版本，我们将生命衰减策略的版本称为CrossMap-OL-Decay，将基于约束的方法的版本称为CrossMap-OL-Cons。

参数设置

CrossMap中有五个主要参数：潜在嵌入的维度D；迭代周期数N；SGD的学习率η；空间平滑常数α；时间平滑常数β。默认情况下，我们设置D=300，N=50，η=0.01，α=β=0.1。

同时，对于CrossMap的两个在线学习变体，即生命衰减策略版本和基于约束的策略版本，还有一些其他参数。生命衰减策略有其特定的参数，如衰减率τ和桶的数量m；基于约束的策略也有其特定的参数，即正则化强度λ。这些参数的默认值设置为τ=0.01，m=500，λ=0.3。

在LGTA中有两个主要参数，即区域R的数量和潜在主题Z的数量。经过细微的调整，设置R=300，Z=10。MGTM是含有多个超参数的无参数方法，超参数的设置参考原文[Kling et al., 2014]。对于Tensor和SVD，我们设置潜在维度D=300，以便与CrossMap进行公平的比较。

评估任务和指标

在定量研究中，我们研究了两项时空活动预测任务。第一项任务是根据给定的文本查询预测发布位置。具体而言，回忆每条记录都反映了用户的活动，且该活动具有三个属性：位置l_r、时间戳t_r和一组关键词m_r。在位置预测任务中，输入是时间戳t_r和关键词m_r，目标是从一组候选对象中准确地找出真实位置。我们以两种不同的粒度来对位置进行预测：粗粒度区域预测是预测r落入的真实区域；细粒度POI预测是预测r对应的真实POI。请注意，细粒度POI预测仅在那些已被链接到Foursquare的推文上进行。第二项任务是根据给定的位置查询预测发生的活动。在此任务中，输入是时间戳t_r和位置l_r，目标是以两种不同的粒度对真实活动进行预测：粗粒度类别预测是预测r的真实活动类别，同样地，粗粒度类别预测也只能在那些已被链接到Foursquare的推文上执行；细粒度关键词预测是从候选消息池中预测真实消息m_r。

总而言之，我们共研究了跨维度预测的四个子任务：区域预测；POI预测；类

别预测；关键词预测。对于每个预测任务，我们通过将真实值与 M 个负样本混合来生成候选池。以区域预测为例。给定真实的区域 l_r，我们将 l_r 与 M 个随机选择的区域混合。然后对所有候选进行排名，并准确地从 size-（$M+1$）个候选中找出真实值。直观上，模型越是能捕获人们活动背后的模式，真实值的排名就越靠前。我们使用均值倒数排名（MRR）来量化模型的有效性。给定一组查询 Q，MRR 定义为 $\text{MRR}=\left(\sum_{i=1}^{|Q|}\frac{1}{\text{rank}_i}\right)/|Q|$，其中 rank_i 是第 i 个查询的真实值的排名。

我们给出不同方法的排名程序如下。还是以区域预测为例。对于 CrossMap，我们计算每个候选区域到观察元素（时间和关键词）的平均余弦相似度，并根据相似度降序排序；对于 LGTA 和 MGTM，我们计算每个特定关键词的观测候选项的可能性，根据可能性对其进行排名；对于 Tensor 和 SVD，我们通过分解来重构密集的共现张量和矩阵，然后预测张量 / 矩阵条目来对候选项进行排名；对于 TF-IDF，我们通过计算平均 TF-IDF 相似度来对候选项进行排名。

7.6.2　定量比较

表 7.1 和表 7.2 分别给出了不同方法在位置预测和活动预测上得到的定量结果。如表所示，在所有四个子任务上，CrossMap 及其变体的 MRR 比基线方法高得多。与两个地理主题模型（LGTA 和 MGTM）相比，CrossMap 的位置预测性能提高了 62%，活动预测性能提高了 83%。性能提升的原因有三个：LGTA 和 MGTM 都没有对时间因素进行建模，因此无法利用时间信息进行预测；CrossMap 强调了最新记录以便捕获最近的时空活动，而 LGTA 和 MGTM 则进行批处理，并且将所有的训练实例看成是平等的；CrossMap 直接将不同数据类型映射到一个公共空间中以更直接地捕获其相关性，而没有使用生成模型。

表 7.1　不同方法在位置预测上的 MRR（对于每一个测试推文，我们假定其时间戳和关键词都是可以观测到的，并在两个粒度上执行位置预测：区域预测检索真实的区域；POI 预测检索真实的 POI（基于链接到 Foursquare 的推文））

方法	区域预测		POI 预测	
	LA	NY	LA	NY
LGTA	0.3583	0.3544	0.5889	0.5674
MGTM	0.4007	0.391	0.5811	0.553
Tensor	0.3592	0.3641	0.6672	0.7399
SVD	0.3699	0.3604	0.6705	0.7443
TF-IDF	0.4114	0.4605	0.719	0.776

（续）

方法	区域预测		POI 预测	
	LA	NY	LA	NY
CrossMap-Unsupervised	0.5373	0.5597	0.7845	0.8508
CrossMap	0.5586	0.5632	0.8155	0.8712
CrossMap-OL-Cons	0.5714	0.5864	0.8311	**0.8896**
CrossMap-OL-Decay	**0.5802**	**0.5898**	**0.8473**	0.885

通过对时间和类别信息进行建模，Tensor、SVD 和 TF-IDF 的性能比 LGTA 和 MGTM 的更好，但是 CrossMap 在性能上相较于这几个方法仍然具有明显优势。有趣的是，事实证明 TF-IDF 是一个性能较好的基线方法，证实了 TF-IDF 相似性对于预测任务的有效性。SVD 和 Tensor 可以通过填充缺失值来有效地恢复共现矩阵和张量。但是，原始共现信息对于位置预测和活动预测而言不是一个有效的相关度度量。

比较 CrossMap 的变体，我们可以清楚地看到 CrossMap-Unsupervised 和 CrossMap 的性能差距明显，尤其是在类型预测任务中。CrossMap-Unsupervised 和 CrossMap 之间的主要区别在于，CrossMap-Unsupervised 只是将类别描述作为关键词，而 CrossMap 使用活动类别作为标签来指导嵌入。这种现象表明，半监督范式确实有助于将外部类别知识结合到嵌入过程中，以生成高质量的多模态嵌入。

表 7.2　不同方法在活动预测上的 MRR（对于每一个测试推文，我们假设位置和时间戳是可以观测到的，并在两个粒度上执行活动预测：类别预测得到真实的分类（基于链接到 Foursquare 的推文）；关键词预测检索到真实消息）

方法	类别预测		关键词预测	
	LA	NY	LA	NY
LGTA	0.4409	0.4527	0.3392	0.3425
MGTM	0.4587	0.464	0.3501	0.343
Tensor	0.8635	0.7988	0.4004	0.3744
SVD	0.8556	0.7826	0.4098	0.3728
TF-IDF	0.9137	0.8259	0.5236	0.4864
CrossMap-Unsupervised	0.6225	0.5874	0.5693	0.5538
CrossMap	0.9056	0.8993	0.5832	0.5793
CrossMap-OL-Cons	0.92	0.8964	0.6097	0.5887
CrossMap-OL-Decay	**0.9272**	**0.9026**	**0.6174**	**0.5928**

CrossMap-OL-Decay 和 CrossMap-OL-Cons 的预测性能比 CrossMap 更好。尽管这三个变体都使用半监督训练，但是 CrossMap 平等地对待所有训练实例，而其他两个则在线工作并更加强调近期的实例。这一事实证明，在四个月的时间内，人

们的活动存在着显著变化，而 CrossMap-OL-Decay 和 CrossMap-OL-Cons 的近期感知性质有效地捕获了这种变化，从而更好地满足了用户的预测需求。最后，通过观察 CrossMap-OL-Decay 和 CrossMap-OL-Cons 的性能可以看到，生命衰减学习策略在真实数据上的性能比基于约束的学习策略稍微好一些，但增加了额外的空间和时间成本。

7.6.3　案例研究

在本节中，我们将进行一组案例研究，以检验 CrossMap 在各个维度上进行预测的效果，以及 CrossMap 是否可以捕获时空活动的动态演变。具体而言，我们在 LA 和 NY 两个数据集上执行 CrossMap 的一次训练过程，并在不同阶段启动一系列查询。对于每个查询，我们从整个搜索空间中检索 top-10 最相似但类型不同的元素。

文本查询

图 7.6a 和图 7.6b 分别展示了搜索关键词“ beach”和“ shopping”的查询结果。可以看到每种类型中检索到的词项都非常有意义。对于查询关键词“ beach”，排名靠前的位置大多数位于洛杉矶著名的海滩地区；排名靠前的关键词反映了人们在海滩上的活动，如“sand”和“boardwalk”；排名靠前的时段是傍晚，这确实是享受海滩生活的好时间。对于查询关键词“ shopping”，检索到的位置位于洛杉矶的热门购物中心和商店；关键词（例如“nordstrom”“mall”“blackfriday”）是品牌名称或与购物相关的名词；时间段大多是在下午 3 点左右，可以直观地匹配人们在现实中的购物方式。

Text	Time
beach	19
beachday	18
beachlife	17
surfing	16
sand	20
boardwalk	14
pacificocean	15
longbeach	13
redondobeach	11
dockweiler	12

a）Query = “beach”

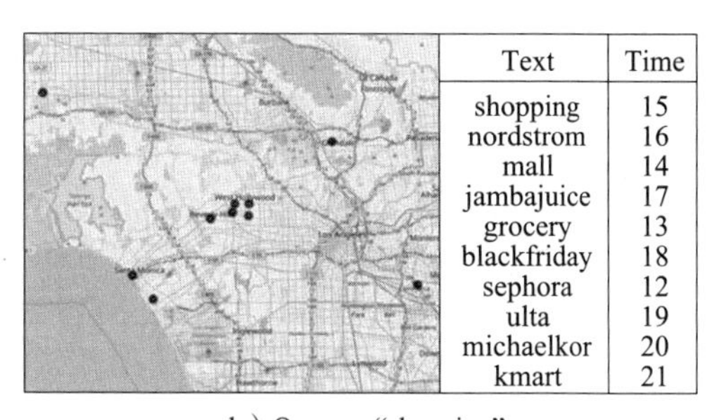

Text	Time
shopping	15
nordstrom	16
mall	14
jambajuice	17
grocery	13
blackfriday	18
sephora	12
ulta	19
michaelkor	20
kmart	21

b）Query = “shopping”

图 7.6　两个文本查询和 CrossMap 返回的 top-10 查询结果

空间查询

图 7.7a 和图 7.7b 分别展示了两个空间查询的结果：洛杉矶国际机场的位置；

好莱坞的位置。同样，我们可以看到检索到的排名靠前的空间、时间和文本项都分别与机场和好莱坞密切相关。例如，给定洛杉矶的查询，排名靠前的关键词都是有意义的概念，即反映了航班相关活动，如“airport”“tsa”和“airline”。

Text	Time
airport	7
tsa	10
airline	8
lax	6
southwester	11
americanair	9
delay	5
terminal	12
jfk	16
sfo	14

a）Query = “(33.9424, −118.4137)”（LAX Air Airport）

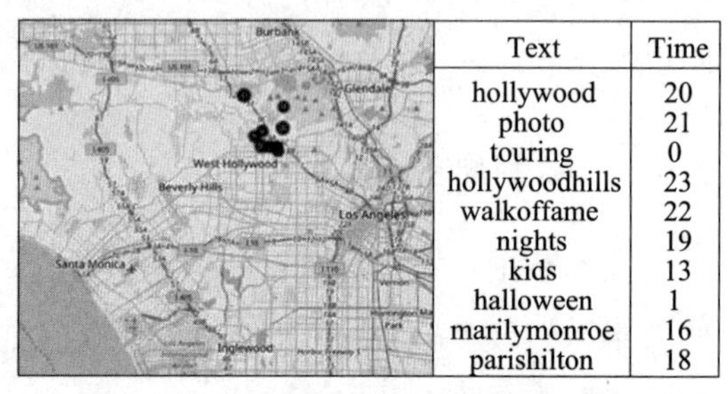

Text	Time
hollywood	20
photo	21
touring	0
hollywoodhills	23
walkoffame	22
nights	19
kids	13
halloween	1
marilymonroe	16
parishilton	18

b）Query = “(34.0928, −118.3287)”（Hollywood）

图 7.7 两个空间查询和 CrossMap 返回的 top-10 查询结果

时间查询

图 7.8a 和图 7.8b 分别展示了两个时间戳的查询结果：6 AM 和 6 PM。我们发现每个列表中的结果都具有实际意义（例如，“sleep”之类的关键词在“6 AM”的查询结果中排名较高），但与空间查询和文本查询相比连贯性较低。这种现象是合理的，因为人们在同一时间段内的活动可能区别较大。例如，人们通常在下午 6 点进行不同的活动，如吃饭、购物和工作。因此，仅靠时间信号无法轻易确定人们的活动或位置。

Text	Time
sleep	6
beauty	5
kalinwhite	4
night	7
multiply	3
ovary	8
leave	9
justinbieber	2
die	10
ayyeee	1

a）Query = “6 AM”

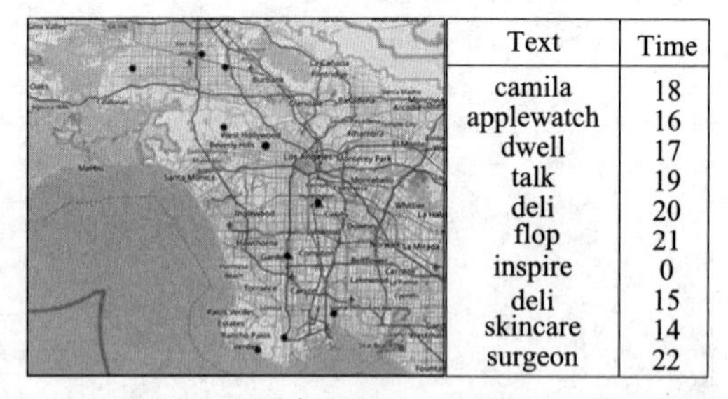

Text	Time
camila	18
applewatch	16
dwell	17
talk	19
deli	20
flop	21
inspire	0
deli	15
skincare	14
surgeon	22

b）Query = “6 PM”

图 7.8 两个时间查询和 CrossMap 返回的 top-10 查询结果

时间 – 文本查询

图 7.9a、图 7.9b 和图 7.9c 展示了一些时间 – 文本查询，以展示城市活动的时

间动态。当我们将查询关键词设为 “restaurant” 并改变时间时，检索到的词项也在明显发生变化。通过检查排名靠前的关键词可以看到，查询 “10 AM” 得到许多与早餐相关的关键词，例如 “bfast” 和 “brunch”。相反，查询 “2 PM” 检索到许多与午餐相关的关键词，而查询 “8 PM” 则检索到与晚餐相关的关键词。另外，“10 AM” 和 “2 PM” 的查询结果中排名靠前的位置信息大多为工作区域，而 “8 PM” 的则为居民区。这些结果清楚地表明，时间因素在决定人们的活动方面起着重要作用，而 CrossMap 有效地捕获了这些细微的变化。时间 – 空间和空间 – 文本查询得到了相似的观察结果，这里不再详细介绍。

Text	Time
restaurant	10
bfast	7
pastry	6
brunching	8
deli	9
brunch	5
yummm	11
bakery	12
thai	14
foodporn	16

a）Query = “restaurant” + “10 AM”

Text	Time
restaurant	14
lunch	15
seafood	13
deli	16
foodporn	17
vietnamese	12
lunchfood	7
instafood	6
dimsum	10
thai	8

b）Query = “restaurant” + “2 PM”

Text	Time
restaurant	20
dinner	18
happyhour	19
seafood	17
bartender	16
thai	7
server	5
yummy	14
dating	20
mexican	15

c）Query = “restaurant” + “8 PM”

图 7.9　三个时间 – 文本查询和 CrossMap 返回的 top-10 查询结果

动态查询

这里我们研究 CrossMap 的在线版本如何捕获时空活动的动态演变。图 7.10a 和图 7.10b 分别展示了不同的两天内在 NY 上进行的查询 “ outdoor+weekend” 的结果。有趣的是，两天的查询结果都与 “ outdoor” 有关，但是也有明显的不同。“2014.08.30” 的查询结果包含许多与游泳有关的活动，而 “2014.10.30” 的查询结果主要是健身场所。基于这种现象，我们可以看到 CrossMap 不仅捕获了多维关联性，还捕获了时空活动背后的时间演变。

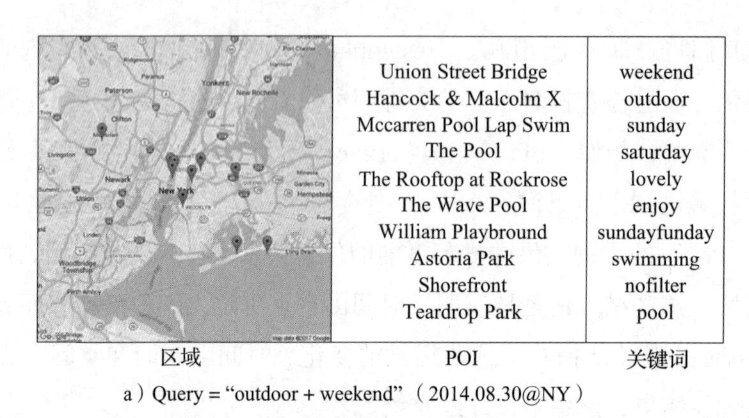

a）Query = "outdoor + weekend"（2014.08.30@NY）

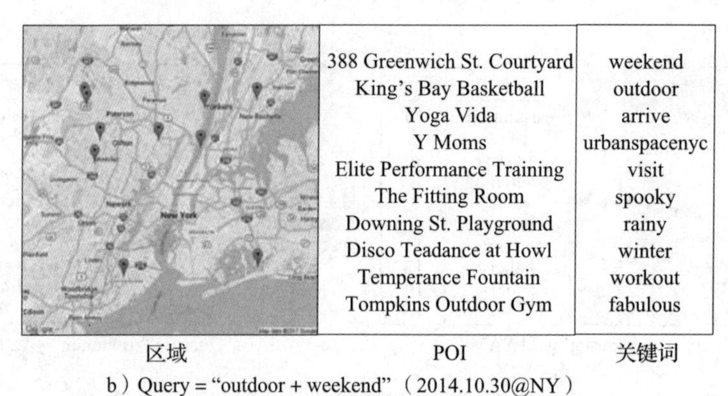

b）Query = "outdoor + weekend"（2014.10.30@NY）

图 7.10　CrossMap 捕获动态演变的示意图（a 和 b 是发生在不同日期（即桶中的不同日期）的文本查询。对于每个查询，我们基于嵌入的余弦相似度让已训练的模型根据发生日期来检索 10 个最相似的区域（地图上的标记表示区域中心）、POI 和关键词）

图 7.11a 和图 7.11b 说明了两个空间查询的演变：大都会人寿体育场；环球影城。我们也可以看到这些结果与查询位置非常吻合，同时也清楚地反映了活动动态。对于大都会人寿体育场的查询，排名靠前的关键词从与音乐会相关转变为与足球相关，这是因为 NFL 赛季在 9 月初开始，人们开始到体育场观看巨人队和喷气机队的比赛。对于环球影城的查询，我们故意在查询日期中增加了万圣节和感恩节。在这种情况下，我们发现后两个列表包含与假期相关的关键词，从而验证了 CrossMap 捕获最新活动模式的能力。

7.6.4　参数影响

在本节中，我们研究不同参数对 CrossMap 性能的影响。图 7.12a 和图 7.12b 展示了潜在维数 D 和周期数 N 的影响。由于细粒度和粗粒度预测任务的趋势非常相似，所以为了方便，我们去掉了 POI 预测和类别预测的结果。如图 7.12a 所示，两

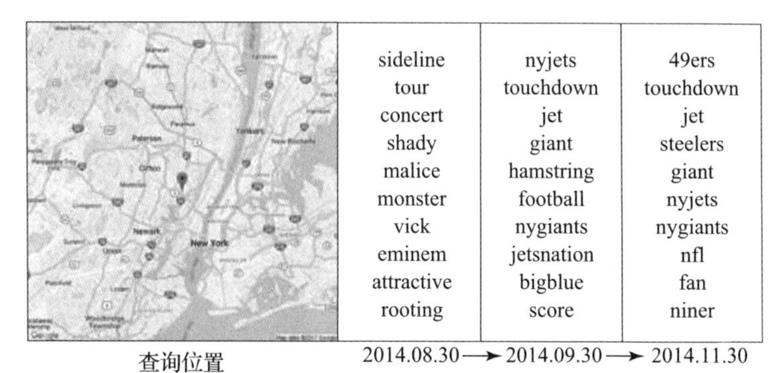

a）Query = "(40.8128, −74.0764)"（Metlife Stadium@NY）

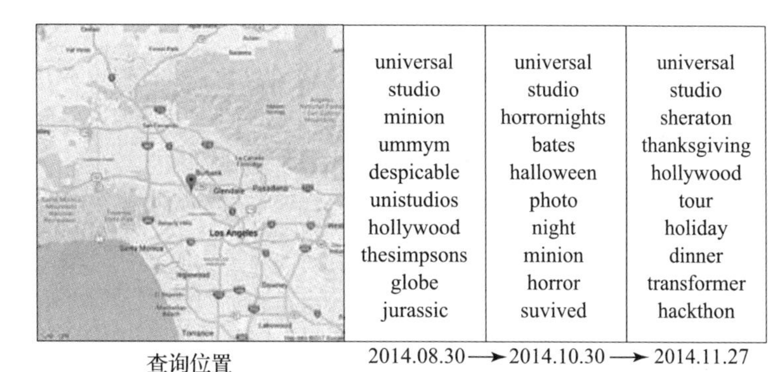

b）Query = "(34.1381, −118.3534)"（Universal Studio@LA）

图 7.11　在大都会人寿体育场和环球影城中的空间查询（对于每个查询，检索不同日期的 top-10 最相似关键词）

种方法的 MRR 都随 D 的增加而增加，并逐渐收敛。出现这种现象是可预知的，因为当维数 D 更大时模型的表现力更强，从而能更准确地捕获潜在语义。从图 7.12b 中可以看到，随着 N 的增加，CrossMap 的性能逐步增加而后趋于稳定：当 N 较小时，更新的嵌入没有包含足够的新信息；而当 N 很大时，生命衰减和约束限制策略可以有效地避免 CrossMap 对新记录过拟合。

图 7.13a 和图 7.13b 分别展示了 τ 和 λ 对两种在线学习策略的影响。如图所示，对于生命衰减学习，其性能首先随着 τ 递增，而后趋于稳定，随后下降。这种趋势变化有两个原因：若 τ 太小则缓冲区中包含太多历史记录，这样就削弱了新信息的影响；若 τ 太大则缓冲区中只包含最新记录，从而导致结果模型过拟合。λ 对于基于约束的学习的影响是相似的。若 λ 太大则导致新记录的欠拟合，而若 λ 太小则导致过拟合。除上述参数以外，我们还研究了平滑参数 α 和 β 的影响，发现当 α 和 β 的取值在 [0.05, 0.5] 中时，CrossMap 的性能变化不超过 3%。我们在此不再详细介绍。

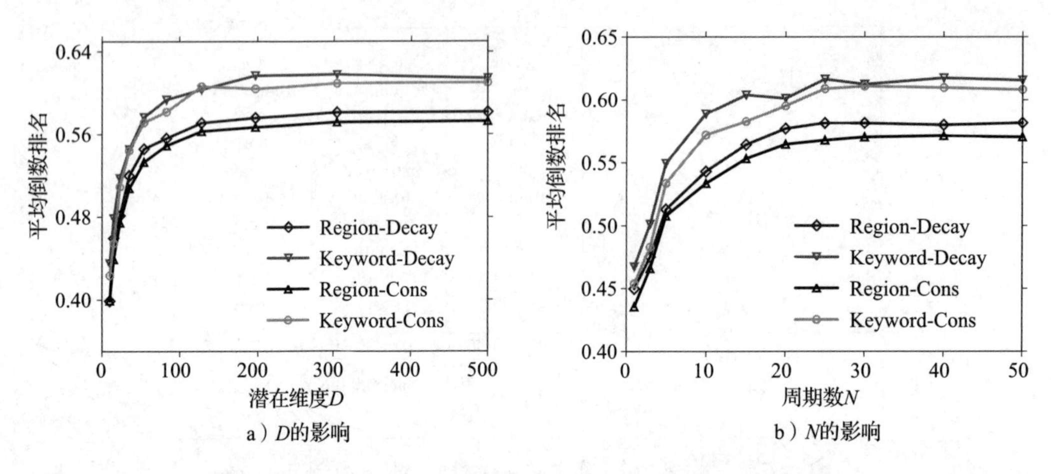

图 7.12 在 LA 上的参数研究（a 和 b 展示潜在维数 D 和周期数 N 对 CrossMap-OL-Decay 和 CrossMap-OL-Cons 的影响）

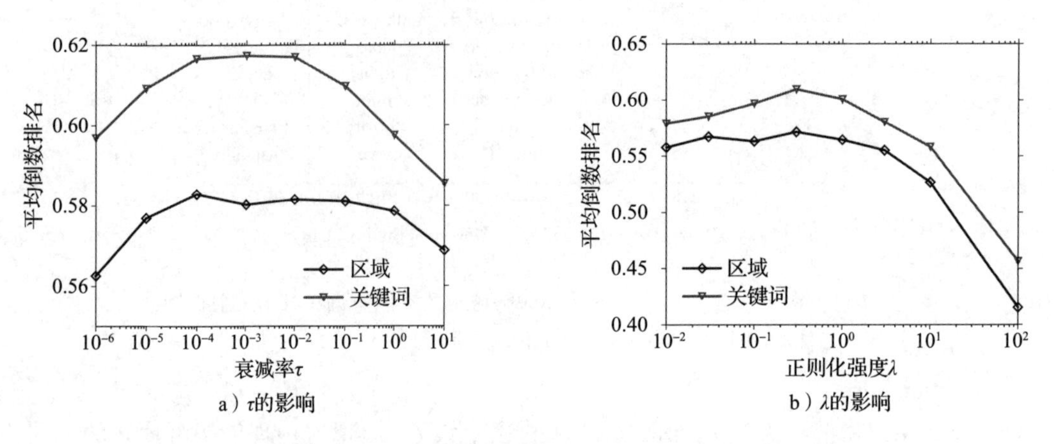

图 7.13 在 LA 上的参数研究（a 展示衰减率 τ 对 CrossMap-OL-Decay 的影响；b 展示正则化强度 λ 对 CrossMap-OL-Cons 的影响）

7.6.5 下游应用

我们以活动分类为例来说明通过 CrossMap 所学到的多模态嵌入的实用性。在 4SQ 中，每个记录都分别属于以下九个类别：食品、商店和服务，旅行和运输，大学和学院，夜生活场所，住宅，户外和休闲，艺术和娱乐，专业，其他。我们将这些类别用作活动标签，并学习分类器以预测任意给定的记录的标签。经过随机洗牌后，其中 80% 的记录用于训练，其余 20% 用于测试。给定一个记录 r，使用 7.6.1 节中介绍的所有方法（包括 CrossMap）都可以获取位置、时间和文本消息的三个向量表示，我们将这三个向量连接为一个特征向量。

经过特征转换，我们为每种方法训练一个多分类逻辑回归模型。我们使用

Micro-F1 度量标准来评估每种方法的分类性能，结果如图 7.14 所示，CrossMap 的性能明显优于其他方法。即使使用简单的线性分类模型，其 F1 绝对评分也可以达到 0.843。这些结果表明，CrossMap 得到的嵌入可以很好地区分不同类别的语义。图 7.15 进一步验证了这一事实。我们选择三个类别，并使用 t-SNE [Maaten and Hinton, 2008] 对特征向量进行了可视化。从中可以观察到，与 LGTA 相比，通过 CrossMap 学到的嵌入产生了更加清晰的类别边界。

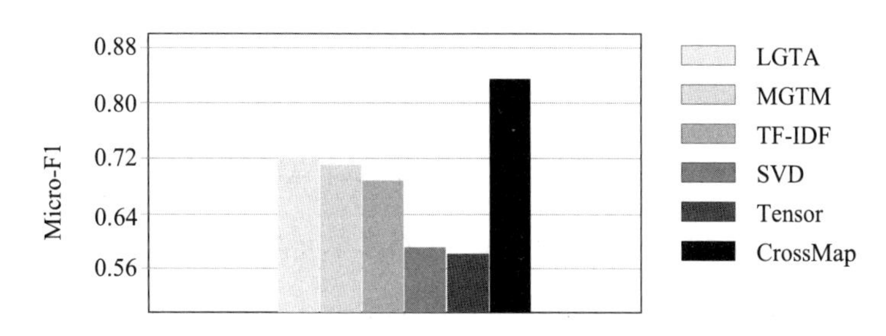

图 7.14　在 4SQ 上的活动分类性能

a）LGTA　　b）CrossMap

图 7.15　LGTA 和 CrossMap 在三个活动分类上生成的特征向量的可视化：“food”（紫色）、“travel and transport”（蓝色）、“Residence”（橙色）（每个 4SQ 记录的特征向量都被 t-SNE[Maaten and Hinton, 2008] 映射为一个二维的点）（见彩插）

7.7　小结

在本章中，我们研究了时空活动预测的问题，该问题是立方体空间中跨维度预测的典型代表。为此，我们提出了一种半监督多模态嵌入方法 CrossMap。CrossMap 将不同维度的词项嵌入同一个潜在空间，同时基于半监督范式将外部知识作为指导。此外，我们提出了使 CrossMap 能够从持续不断的数据中学习并强调最新记录的策略。我们在真实数据上的实验结果证实了半监督多模态嵌入范式和在线学习策略的有效性。

第 8 章

立方体空间中的事件检测

在本章中，我们研究如何在立方体空间中提取异常事件。如前所述，我们检查“topic-location-time”立方体，并关注在立方体单元格中检测异常时空事件。我们将介绍通过结合潜在变量模型和多模态嵌入来准确发现时空事件的方法。

8.1 概述

时空事件（例如，抗议、犯罪、灾难）是一种异常活动，这种活动在局部区域内且在特定持续时间内爆发，同时吸引了大量参与者。许多应用迫切地需要在事件开始时就检测到时空事件。例如，在灾难控制中，构建持续监控地理区域的实时灾难检测器非常重要。当突发灾难爆发时，通过及时地发出警报，探测器可以帮助人们及时采取行动，以减轻巨大的生命和经济损失。另一个例子是公共秩序维护。地方政府希望能监控人们在城市中的活动，并及时了解社会动荡（例如，抗议、犯罪）。若有了能够及时发现社会动荡的探测器，政府就可以及时做出反应，以防止严重的社会骚乱。

图 8.1 展示了立方体空间中时空事件检测的工作流程。如图所示，从立方体结构中，用户可以通过沿多个维度指定查询来选择非结构化数据块，例如〈*,USA,2017〉和〈Entertainment, Japan, 2018〉。时空事件检测器旨在从用户所选的数据中提取异常的多维事件。请注意，立方体结构和事件检测器是紧密耦合的，而不是相互独立的。借助立方体结构的优势，用户可以指定查询条件，这些条件允许检测器根据用户指定的上下文信息来判断是什么构成了“异常”的模式。

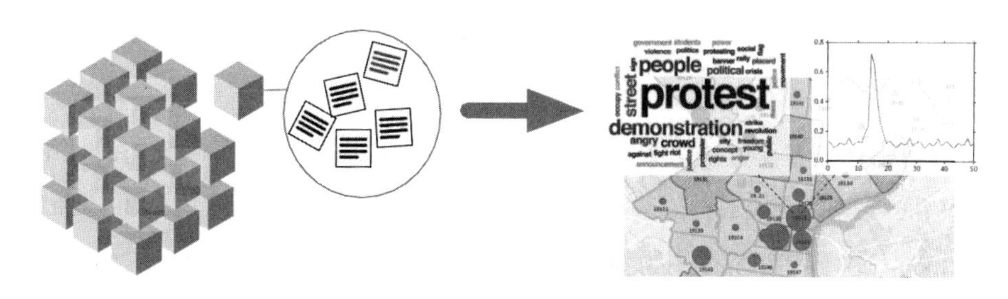

图 8.1　立方体空间中时空事件检测的示意图

检测立方体空间中的异常时空事件绝非易事。异常时空事件检测面临两大独特挑战，这在很大程度上限制了现有方法的性能。第一个挑战是捕获多维空间中的异常。现有的事件检测方法依靠启发式排序函数来选择 top-*K* 个突发事件 [Aggarwal and Subbian, 2012；Allan et al., 1998；Kang et al., 2014；Sankaranarayanan et al., 2009；Weng and Lee, 2011]。然而，异常时空事件在多维空间中可能不是突发的。例如，当第五大道发生抗议活动时，只有少数人在 Twitter 上讨论该事件。关键的挑战是通过对多个因素进行联合建模，将异常事件（例如，在第五大街的抗议活动）与日常活动（例如，在第五大街的购物活动）区分开来。第二个挑战是快速在线检测。当一个时空事件爆发时，我们的目标是立即报告事件，以便及时采取行动。因此，我们期望能够持续监控大量的文本流，并即时报告时空事件。上述要求是现有的分批检测方法 [Chen and Roy, 2009；Krumm and Horvitz, 2015；Watanabe et al., 2011] 无法满足的。

我们将介绍 TrioVecEvent 方法，该方法结合了多模态嵌入和潜在变量模型以进行准确的在线时空事件检测。TrioVecEvent 的核心是多模态嵌入学习器，该学习器将所有区域、时期和关键词映射到同一个空间中，并保留了它们的相关性，这已经在上一章中进行了介绍。如果两个词项是高度相关的（例如，“Pats”和“Patriots”，或第五大道区域和关键词“shopping”），那么这两个词项在潜在空间中的表示是相近的。这种多模态嵌入不仅能够捕获记录之间的细微语义相似性，还可以将不同区域和时期的典型关键词当作背景知识。

在多模态嵌入的基础上，TrioVecEvent 采用了一种两步方案来实现高检测准确度。首先，TrioVecEvent 执行在线聚类，以将查询窗口中的记录划分为连贯的地理主题聚类。我们开发了一种新的贝叶斯混合模型，该模型对欧几里得空间中的记录位置和球形空间中的语义嵌入进行联合建模。贝叶斯混合模型能够生成高质量的候选，以确保对潜在事件的高度覆盖。其次，TrioVecEvent 提取了一组独特的特征以进行准确的候选分类。基于多模态嵌入，我们设计了可以很好地表征时空事件的特征，从而可以基于少量训练数据从候选项中找出真的正样本。与现有的 top-*K* 候选选择方案相比，基于分类的候选过滤不仅将我们从启发式排序函数的设计中解脱出来，而且消除了硬性 top-*K* 选择的不灵活性。此外，随着查询窗口的不断移动，TrioVecEvent 不需要重新检测新窗口中的时空事件，只需要花费很少的成本更新先前的结果，以实现快速在线检测。

下面给出本章的概述。

1. 我们提出了一种新的贝叶斯混合聚类模型，该模型找出地理主题簇作为候选事件。贝叶斯混合聚类模型在不事先指定聚类数量的情况下，生成高质量的地理主题聚类，并随着查询窗口的移动而不断更新聚类结果。该聚类模型的创新点在于它首次结合了表示学习和图像模型这两种强大的技术。表示学习可以很好地对非结构化文本进行语义编码，而图像模型能够很好地表示不同因素的复杂结构相关性。

2. 我们设计了一个有效的候选分类器，用于判断每个候选项是否确实是时空事件。基于多模态嵌入，我们为候选项提取了一组判别特征，从而基于少量的训练数据来识别多维异常。

3. 我们在大规模的地理标签推文流上进行了大量的实验。基于众包的有效性研究的结果表明，TrioVecEvent 大大提高了新方法的检测准确度。同时，TrioVecEvent 展现了出色的效率，使其适合应用于实际的大规模文本流监控。

8.2 相关工作

在本节中，我们回顾与事件检测相关的现有工作，包括：突发事件检测；时空事件检测。

8.2.1 突发事件检测

目前已经有许多从整个数据流中提取突发性全局事件的方法。通常，现有的全局事件检测方法可以分为两类：基于文档的方法和基于特征的方法。基于文档的方法 [Aggarwal and Subbian, 2012 ； Allan et al., 1998 ； Sankaranarayanan et al., 2009] 将每个文档视为一个基本单位。这种方法将相似的文档归为一类，然后找出突发文档作为一个事件。例如，Allan 等 [1998] 进行在线聚类，并使用相似性阈值来确定一个新文档是应该形成一个新的主题还是应该合并到现有的主题中；Aggarwal

和 Subbian[2012] 也通过在线聚类来检测事件，但是其采用了一种相似性度量，不仅考虑了推文内容的相关性，还考虑了用户的接近度；Sankaranarayanan 等 [2009] 训练了一个朴素贝叶斯过滤器，以获取与新闻相关的推文，并基于 TF-IDF 相似性对推文进行聚类。基于特征的方法 [He et al., 2007 ; Kang et al., 2014 ; Li et al., 2012a ; Mathioudakis and Koudas, 2010 ; Weng and Lee, 2011] 识别一组突发性特征（例如关键词），并对其进行聚类以形成事件。目前已有多种提取突发性特征的技术，如傅里叶变换 [He et al., 2007]、小波变换 [Weng and Lee, 2011] 和基于短语的突发检测 [Giridhar et al., 2015 ; Li et al., 2012a]。例如，Fung 等 [2005] 使用二项式分布模拟特征出现，以提取突发特征；He 等 [2007] 为每个特征构建时间序列，并执行傅里叶变换来识别突发性；Weng 和 Lee [2011] 使用小波变换和自相关来测量单词能量，并提取高能量单词；Li 等 [2012a] 将每条推文划分为有意义的短语，并根据频率提取突发短语；Giridhar 等 [2015] 提取一组推文作为事件，其中包含至少一对突发性关键词。以上所有方法都是针对全局突发事件检测而设计的。然而，一个时空事件通常是在一个局部区域中爆发，而非整个数据流。因此，将这些方法直接应用于我们的检测问题可能会错过许多时空事件。

8.2.2　时空事件检测

时空事件检测在过去几年里获得了越来越多的青睐 [Abdelhaq et al., 2013 ; Chen and Roy, 2009 ; Feng et al., 2015 ; Foley et al., 2015 ; Krumm and Horvitz, 2015 ; Quezada et al., 2015 ; Sakaki et al., 2010]。Watanabe 等 [2011] 和 Quezada 等 [2015] 从社交媒体中提取位置感知事件，但是其关注点是对推文 / 事件进行地理定位。Sakaki 等 [2010] 通过训练一个分类器来判断传入的推文是否与地震相关，从而实现实时地震检测。Li 等 [2012b] 在与 CDE（犯罪和灾难事件）相关的推文上使用一个自适应爬虫来检测 CDE。我们的工作与上述研究的不同之处在于，我们的目标是检测出所有类型的时空事件，而它们更侧重于特定的事件类型。目前已经有人提出一些通用的时空事件检测方法 [Abdelhaq et al., 2013 ; Chen and Roy, 2009 ; Krumm and Horvitz, 2015]。Chen 和 Roy[2009] 使用小波变换提取时空突发性 Flickr 标签，然后根据标签的共现和时空分布对其进行聚类。Krumm 和 Horvitz[2015] 将时间离散化为相同大小的箱子，并比较在不同的日期同一个箱子中的推文数量，以提取时空事件。但是，上述方法只能批量处理静态数据并检测时空事件。尽管在线方法在数据挖掘社区中得到了越来越多的关注，但是其中极少部分支持在线时空事件检测。Abdelhaq 等 [2013] 首先在查询窗口中提取突发性和局部性关键词，然后根据其空间分布对这些关键词进行聚类，最后选择 top-K 个局部突发性聚类。虽然这两种方法都支持在线时空事件检测，但是其准确性都是有限的，这是因为：聚类环节不能很好地捕获短文本的语义；候选过滤的有效性受到启发式排序函数和 top-K 选择的不灵活性的限制。

8.3　准备工作

8.3.1　问题定义

给定一个三维立方体（text-location-time），设 $\mathcal{D}=(d_1, d_2, \cdots, d_n, \cdots)$ 是一组带有时空信息的文本记录（例如，带有地理标签的推文），这些记录以时间先后顺序到达。每个记录 d 是一个三元组〈 t_d, l_d, x_d 〉，其中 t_d 是发布记录的时间，l_d 是发布记录的地理位置，x_d 是表示文本信息的一组关键词。考虑一个查询立方体块 Q，例如〈 *, NYC, Jun 〉和〈 *, LA, July 1st 9 PM 〉。时空事件检测问题旨在提取发生在 Q 中的所有时空事件。

8.3.2　方法概述

一个时空事件通常在事件发生地附近产生相关的记录。例如，假设在纽约市的肯尼迪国际机场发生了抗议活动，就会有许多参与者在现场发布推文来表达他们的观点，并且带有“protest”和“rights”之类的关键词。这些记录形成一个地理主题簇，因为这些记录在地理上是相近的，且在语义上也是相关的。但是，并非每一个地理主题簇都与一个时空事件相对应。这是因为一个地理主题簇可能仅仅是该区域的常规活动，例如在肯尼迪国际机场乘飞机、在第五大道购物等。我们强调一个时空事件常常具有突发性，且是异常的地理主题簇。簇具有突发性是因为它包含大量的信息，簇是异常的是因为它的语义与常规活动有明显的区别。

基于此，我们设计了一种基于嵌入的检测方法 TrioVecEvent。TrioVecEvent 的核心是一个多模态嵌入学习器，它将所有区域、时刻和关键词映射到一个潜在空间中。如果两个词项具有高度相关性（例如“flight”和“airport”，或者肯尼迪国际机场区域和关键词“flight”），那么这两个词项的嵌入在潜在空间中是相近的。图 8.2 展示了洛杉矶和纽约的两个示例，我们使用在这些城市中产生的数百万条推文来学习多模态嵌入，并执行相似性搜索。从图中可以看到，对于给定的示例查询，多模态嵌入能够很好地捕获不同词项之间的相关性。这种嵌入的用途在于两个方面：帮助我们捕获文本信息之间的语义相似性，并进一步将记录分组为连贯的地理主题簇；展示了不同区域和时刻的典型关键词，这些关键词可以作为背景知识来帮助识别异常的时空活动。

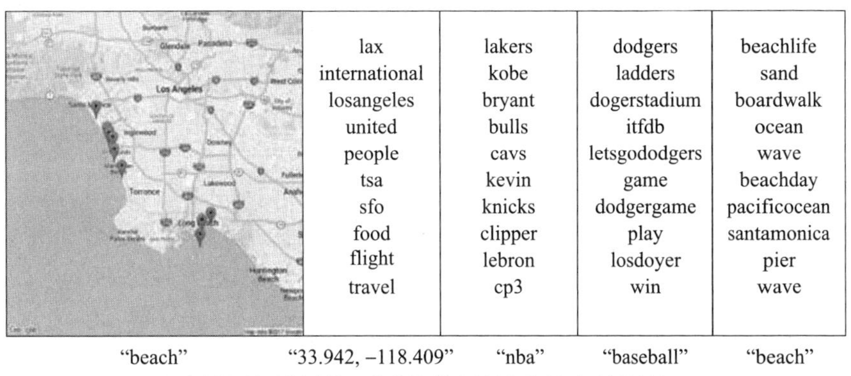

a）洛杉矶的示例（第二个查询是洛杉矶国际机场的位置）

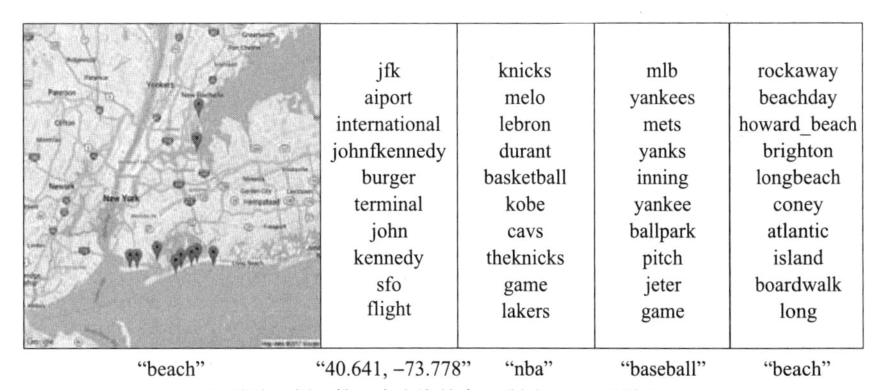

b）纽约的示例（第二个查询是肯尼迪国际机场的位置）

图 8.2　基于从洛杉矶和纽约的地理标签推文学到的多模态嵌入的示例相似度查询（在每个城市，第一个查询检索与关键词"beach"相关的区域；第二个查询检索与机场位置相关的关键词；后三个查询检索与给定查询关键词相关的关键词。对于每个查询，我们都使用已经学习到的嵌入来计算这些词项的余弦相似度，并检索不包含查询本身的 top-10 最相似词项）

图 8.3 展示了 TrioVecEvent 的框架。如图所示，嵌入学习器通过输入数据流中的大量数据来嵌入位置、时间和文本，它维护一个高速缓存，用于保存新到达的记录并定期更新嵌入。基于多模态嵌入，TrioVecEvent 采用了两步检测方案：在在线聚类步骤中，我们开发了一种贝叶斯混合模型，该模型对地理位置和语义嵌入进行

联合建模，以提取查询块中的连贯地理主题簇；在候选分类步骤中，我们为候选项提取了一组判别特征，并确定每个候选项是否为真实的时空事件。

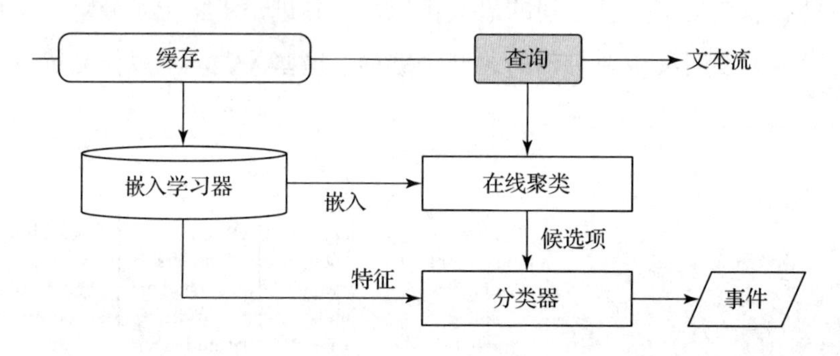

图 8.3　TrioVecEvent 的框架

现在 TrioVecEvent 的关键问题是：如何生成嵌入，以更好地捕获不同词项之间的相关性？如何执行在线聚类以获得 Q 中的优质地理主题簇？哪些特征可以区分真实时空事件和非真实时空事件？接下来，我们介绍多模态嵌入学习器，然后描述 TrioVecEvent 的两步检测过程。

8.3.3　多模态嵌入

多模态嵌入模块将所有空间、时间和文本词项都映射到同一个低维空间中，并保留这些词项之间的相关性。多模态嵌入学习器使用输入数据流，并学习所有区域、时期和关键词的 D 维表示。如前所述，我们维护一个缓存 C，用于保存新到达的记录，并使用这个缓存来定期更新嵌入。为了有效地整合 C 中的信息而又不过拟合，我们将在 C 到达之前已学习到的嵌入作为初始嵌入，并在一个完整的周期内对 C 作嵌入的优化。这样一个简单的策略有效地结合了缓存 C 中的记录，同时也最大限度地保留了历史流中的信息。

多模态嵌入学习器基于我们在第 7 章中提到的重构任务。在这里，我们简要回顾一下多模态嵌入的学习过程。该过程的学习目标是在给定上下文的情况下预测一个词项。具体而言，给定一条记录 d，对于类型为 X（区域、时期或关键词）的任意词项 $i \in d$，设 $\boldsymbol{v}_i$ 为词项 i 的嵌入，然后对当前观测的词项 i 的可能性进行建模，即

$$p(i|d_{-i}) = \exp(s(i,d_{-i})) / \sum_{j \in X} \exp(s(j,d_{-j}))$$

其中，d_{-i} 是 d 中除了 i 以外的所有词项集合，$s(i, d_{-i})$ 是 i 与 d_{-i} 的相似度评分，定

义为

$$s(i, d_{-i}) = \boldsymbol{v}_i^{\mathrm{T}} \sum_{j \in d_{-i}} \boldsymbol{v}_j / |d_{-i}|$$

对于记录的缓存 C，其目标是预测 C 中的记录的所有词项：

$$J_C = -\sum_{d \in C} \sum_{i \in d} \log p(i | d_{-i})$$

为了有效地优化上述目标函数，我们遵循负采样的思想，并使用 SGD 进行更新。在每次抽样中，我们随机地从 C 中抽取一条记录 d 和一个词项 $i \in d$。对于负样本，我们随机地选出 K 个负词项，这些词项与 i 类型相同，但是不包含在记录 d 中。然后，我们对已选出的样本最小化以下函数：

$$J_d = -\log \sigma(s(i, d_{-i}) - \sum_{k=1}^{K} \log \sigma(-s(k, d_{-i}))$$

其中，$\sigma(\cdot)$ 是 sigmoid 函数。不同变量的更新规则可以通过简单地对上述函数进行求导然后使用 SGD 更新变量得到，我们在此不再详细介绍。

8.4　候选生成

我们开发了一种贝叶斯混合聚类模型，以将查询块 Q 中的记录划分成多个地理位置主题簇，这样能够使同一个簇中的记录在地理位置上是相近的且在语义上是相关的。这些地理主题簇将作为候选的异常事件，后续还要对这些候选异常事件进行过滤，以找出真实的事件。

我们将每个记录 d 记为一个二元祖（$\boldsymbol{l}_d, \boldsymbol{x}_d$）。其中，$\boldsymbol{l}_d$ 是一个表示 d 的地理位置的二维向量，$\boldsymbol{x}_d$ 是记录 d 的 D 维语义嵌入，也是 d 中信息的所有关键词的平均嵌入。表 8.1 给出了本节使用的符号。

表 8.1　贝叶斯混合聚类模型中的符号表示

$\mathcal{X}$	Q 中记录的语义嵌入集合
$\mathcal{Z}$	Q 中记录的簇成员集合
$\mathcal{L}$	Q 中记录的地理位置向量集合
κ	所有簇的 κ 的集合
$\kappa^{\neg k}$	除了 k 以外的簇的 κ 的子集
$\boldsymbol{A}^{\neg d}$	不包含元素 d 的任意集合 $\boldsymbol{A}$ 的子集
$\boldsymbol{A}^{k}$	集合 $\boldsymbol{A}$ 中被分配到簇 k 的元素的子集

（续）

$\boldsymbol{x}^k$	簇 k 中语义嵌入的和
$\boldsymbol{x}^{k,\neg d}$	簇 k 中不包含元素 d 的语义嵌入的和
n^k	簇 k 中记录的数量
$n^{k,\neg d}$	簇 k 中不包含元素 d 的记录数量

8.4.1　贝叶斯混合聚类模型

贝叶斯混合聚类模型背后的核心思想是，每个地理位置簇都暗示着围绕某个地理位置（例如，肯尼迪国际机场）发生的一个连贯活动（例如，抗议）。该位置作为一个地理上的中心点，触发了在欧几里得空间中围绕这个中心点开展的地理位置观察；而活动作为语义焦点，触发了在球形空间中围绕这个焦点开展的语义嵌入观察。我们假设查询单元格 Q 中最多有 K 个地理主题簇。值得注意的是，假设簇的最大个数是一种弱假设，它在实际情况中是很容易满足的。在聚类过程结束时，这 K 个簇中可能有一部分是空的。同样地，任意特定查询单元中的簇的适当数量是可以自动发现的。

图 8.4 展示了查询单元格 Q 中所有记录的生成过程。如图所示，我们首先根据 Dirichlet 先验 Dirichlet$(.\mid\alpha)$ 绘制一个多项式分布 π。此外，对于地理位置的建模，我们根据一个正态逆威沙特分布（NIW）共轭先验 NIW$(.\mid\boldsymbol{\eta}_0,\lambda_0,\boldsymbol{S}_0,v_0)$[Murphy, 2020] 绘制 K 个正态分布；对于语义嵌入的建模，我们根据 von Mises-Fisher（vMF）分布的共轭先验 $\Phi(\boldsymbol{\mu},\kappa\mid\boldsymbol{m}_0,R_0,c)$[Nunez-Antonio and Gutiérrez-Pena, 2005] 绘制 K 个 vMF 分布。对于每条记录 $d\in Q$，我们首先根据多项式分布 π 绘制其簇成员 z_d。在确定了簇成员之后，我们根据相应的正态分布绘制其地理位置 $\boldsymbol{l}_d$，根据相应的 vMF 分布绘制其语义嵌入 $\boldsymbol{x}_d$。

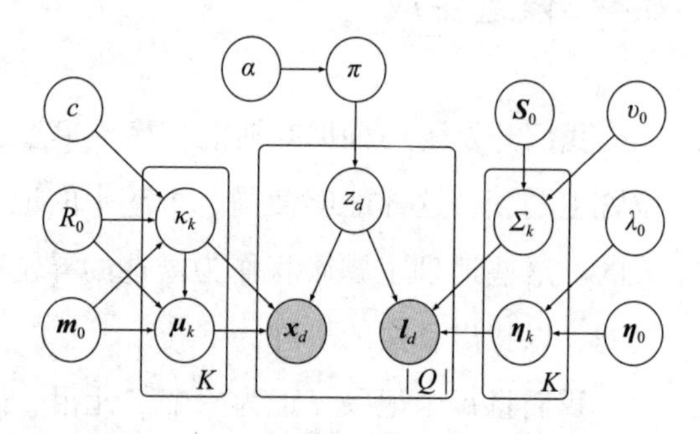

图 8.4　生成地理主题簇的贝叶斯混合模型

尽管使用正态分布对地理位置 $\boldsymbol{l}_d$ 进行建模是比较直观的，但是我们还是要说明一下使用 vMF 分布对语义嵌入 $\boldsymbol{x}_d$ 进行建模的方法。对于一个满足 vMF 分布的 D 维单位向量 $\boldsymbol{x}$，其概率密度函数为

$$p(\boldsymbol{x}\mid\boldsymbol{\mu},\kappa)=C_D(\kappa)\exp(\kappa\boldsymbol{\mu}^{\mathrm{T}}\boldsymbol{x})$$

其中，$C_D(\kappa)=\frac{\kappa^{\frac{D}{2}-1}}{I_{\frac{D}{2}-1}(\kappa)}$ 和 $I_{\frac{D}{2}-1}(\kappa)$ 是修正的 Bessel 函数。vMF 分布具有两个参数：平均方向 $\boldsymbol{\mu}$（$\boldsymbol{\mu}=1$），以及集中参数 κ（$\kappa>0$）。$\boldsymbol{x}$ 在单位球面上的分布集中在平均方向 $\boldsymbol{\mu}$ 上，且其分布随着 κ 的增加而更加集中。我们选择 vMF 分布是基于余弦相似度在量化多模态嵌入之间的相似度的有效性 [Mikolov et al., 2013]。平均方向 $\boldsymbol{\mu}$ 表示单位球面上的语义焦点，并在其周围生成相关的语义嵌入，这些嵌入的集中程度由集中参数 κ 来控制。一些关于聚类的研究 [Gopal and Yang, 2014] 和主题建模 [Batmanghelich et al., 2016] 也证明了 vMF 分布在文本嵌入的建模方面相对于其他分布（如高斯分布）更具有优势。

总结以上生成过程，我们有

$$\pi \sim \text{Dirichlet}(.\mid \alpha)$$

$$\{\boldsymbol{\eta}_k, \Sigma_k\} \sim \text{NIW}(.\mid \boldsymbol{\eta}_0, \lambda_0, \boldsymbol{S}_0, v_0) \quad k=1,2,\cdots,K$$

$$\{\boldsymbol{\mu}_k, \kappa_k\} \sim \Phi(.\mid \boldsymbol{m}_0, R_0, c) \quad k=1,2,\cdots,K$$

$$Z_d \sim \text{Categorical}(.\mid \pi) \quad d \in \mathcal{Q}$$

$$\boldsymbol{l}_d \sim \mathcal{N}(.\mid \boldsymbol{\eta}_{z_d}, \Sigma_{z_d}) \quad d \in \mathcal{Q}$$

$$\boldsymbol{x}_d \sim \text{vMF}(.\mid \boldsymbol{\mu}_{z_d}, \kappa_{z_d}) \quad d \in \mathcal{Q}$$

其中，$\Lambda=\{\alpha, \boldsymbol{m}_0, R_0, c, \boldsymbol{\eta}_0, \lambda_0, \boldsymbol{S}_0, v_0\}$ 是先验分布的超参数。

8.4.2 参数评估

获取地理位置簇的关键是估计 $\{z_d\}_{d\in\mathcal{Q}}$ 的后验分布。为此，我们采用 Gibbs 采样。由于我们对 π 和 $\{\boldsymbol{\mu}_k, \boldsymbol{\eta}_k, \Sigma_k\}_{k=1}^K$ 选用了共轭先验，因此这些参数可以在 Gibbs 采样过程中集成输出，形成一个崩溃的 Gibbs 采样过程。由于篇幅有限，我们在这里直接给出 $\{\kappa_k\}_{k=1}^K$ 和 $\{z_d\}_{d\in\mathcal{Q}}$ 的条件概率：

$$p(\kappa_k \mid \kappa^{\neg k}, \mathcal{X}, \mathcal{Z}, \alpha, \boldsymbol{m}_0, \mathcal{R}_0, c) \propto \frac{(C_D(\kappa_k))^{c+n^k}}{C_D(\kappa_k \| R_0\boldsymbol{m}_0+\boldsymbol{x}^k \|)} \tag{8.1}$$

$$p(z_d=k \mid \mathcal{X}, \mathcal{L}, \mathcal{Z}^{\neg d}, \boldsymbol{\kappa}, \Lambda) \propto p(z_d=k \mid \mathcal{Z}^{\neg d}, \alpha)$$

$$p(\boldsymbol{x}_d \mid \mathcal{X}^{\neg d}, \mathcal{Z}^{\neg d}, z_d=k, \Lambda)\cdot p(\boldsymbol{l}_d \mid \mathcal{L}^{\neg d}, \mathcal{Z}^{\neg d}, z_d=k, \Lambda) \tag{8.2}$$

式（8.2）中的三个量如下：

$$p(z_d=k \mid \cdot)(n^{k,\neg d}+\alpha) \tag{8.3}$$

$$p(\boldsymbol{x}_d|\cdot) \propto \frac{C_D(\kappa_k)\,C_D(\|\kappa_k(R_0\boldsymbol{m}_0+\boldsymbol{x}^{k,\neg d})\|_2)}{C_D(\|\kappa_k(R_0\boldsymbol{m}_0+\boldsymbol{x}^{k,\neg d}+\boldsymbol{x}_d)\|_2)} \tag{8.4}$$

$$p(\boldsymbol{l}_d|\cdot) \propto \frac{\lambda^{k,\neg d}(\nu^{k,\neg d}-1)|\boldsymbol{S}^{\mathcal{L}^k\cap\mathcal{L}^{\neg d}}|^{\nu^{k,\neg d}/2}}{2(\lambda^{k,\neg d}+1)\,\boldsymbol{S}^{\mathcal{L}^k\cap\{\boldsymbol{l}_d\}}|^{(\nu^{k,\neg d}+1)/2}} \tag{8.5}$$

其中，$\lambda^{\cdot}$、$\nu^{\cdot}$ 和 $\boldsymbol{S}$ 是 NIW 分布参数的后验估计 [Murphy, 2012]。

从式（8.2）、式（8.3）、式（8.4）和式（8.5）中，我们发现贝叶斯混合模型在判断一个记录 d 的簇成员时具有几个好的特性：使用式（8.3），d 倾向于加入具有更多成员的簇，从而产生更加丰富的效果；使用式（8.4），d 倾向于加入一个与文本嵌入 $\boldsymbol{x}_d$ 语义更相似的簇，从而产生语义连贯的簇；使用式（8.5），d 倾向于加入一个与地理位置 $\boldsymbol{l}_d$ 在地理上更相近的簇，从而产生地理上紧凑的簇。

8.5 候选分类

到目前为止，我们已经在查询窗口中获取了一组连贯的地理主题簇作为候选。现在继续介绍候选分类器以检测真实的时空事件。

8.5.1 多模态嵌入的特征推导

针对候选过滤组件的主要观测是我们已经学到的多模态嵌入支持提取少量特征，这些特征能够判断一个候选事件是否为真正的异常事件。接下来，我们介绍一组特征，这组特征能够很好地区分非时空事件和真正的时空事件。

1. **空间异常**：量化一个候选项在其地理区域中的异常程度。由于多模态嵌入可以表征不同区域的典型关键词，所以我们使用嵌入作为背景知识来衡量一个候选项 C 的空间异常。具体而言，我们计算空间异常为 $f_{\text{su}}(C)=\sum_{d\in C}\cos(\boldsymbol{v}_{l_d},\boldsymbol{x}_d)/|C|$，其中 $\boldsymbol{v}_{l_d}$ 是记录 d 的区域的嵌入，$\boldsymbol{x}_d$ 是记录 d 的语义嵌入。

2. **时间异常**：量化一个候选项的时间异常程度。我们定义一个候选项 C 的时间异常为 $f_{\text{tu}}(C)=\sum_{d\in C}\cos(\boldsymbol{v}_{t_d},\boldsymbol{x}_d)/|C|$，其中 $\boldsymbol{v}_{t_d}$ 是记录 d 的时刻的嵌入。

3. **时空异常**：同时考虑空间和时间来量化一个候选项 C 的异常程度，即 $f_{\text{stu}}(C)=\sum_{d\in C}\cos((\boldsymbol{v}_{l_d},\boldsymbol{v}_{t_d})/2,\boldsymbol{x}_d)/|C|$。

4. **语义集中度**：计算 C 语意连贯的程度。一个候选项 C 的语义集中度计算为

$f_{\mathrm{su}}(C)=\sum_{d\in C}\cos(\bar{\boldsymbol{x}}_d,\boldsymbol{x}_d)/|C|$，其中 $\bar{\boldsymbol{x}}_d$ 是 C 中记录的平均语义嵌入。

5. **时空集中度**：量化候选项 C 在空间和时间上的集中度。我们为 C 中的记录计算三个量：经度的标准差；纬度的标准差；创建时间戳的标准差。

6. **突发性**：量化候选项 C 的突发程度。我们将其定义为 C 中的记录数除以 C 的时间跨度。

8.5.2 分类过程

总而言之，对于每个候选项 C，我们提取以下特征：空间异常；时间异常；时空异常；语义集中度；经度集中度；纬度集中度；时间集中度；突发性。基于以上特征，我们使用逻辑回归来训练一个二元分类器，并判断每个候选对象是否确实是一个时空事件。我们选择逻辑回归分类器是因为当训练数据有限时，它具有鲁棒性。我们也尝试了一些其他的分类器，例如随机森林，结果表明逻辑回归分类器在我们的实验中具有更好的性能。训练实例是通过众包平台中的 100 多个查询窗口收集得到的。我们将在 8.8 节中简要介绍标记过程。

8.6 支持持续的事件检测

当查询窗口 Q 移动时，我们不希望重新计算新窗口中的地理主题簇，以便节省在线检测的时间。我们采用了一种增量更新策略，可以有效地粗略估计新窗口中的聚类结果。如图 8.5 所示，假设查询窗口从 Q 切换到 Q'，我们使用 $D_-=\{d_1,\cdots,d_m\}$ 表示旧推文，使用 $D_+=\{d_1,\cdots,d_m\}$ 表示新推文。我们不需要对 Q' 中的所有推文都执行 Gibbs 采样，只需要简单地删除 D_- 并且对 D_+ 中的推文的簇成员进行采样。这样的增量更新策略效率更高，且在实际情况下能够得到优质的地理主题簇，因为剩余推文的成员大多数是稳定的。

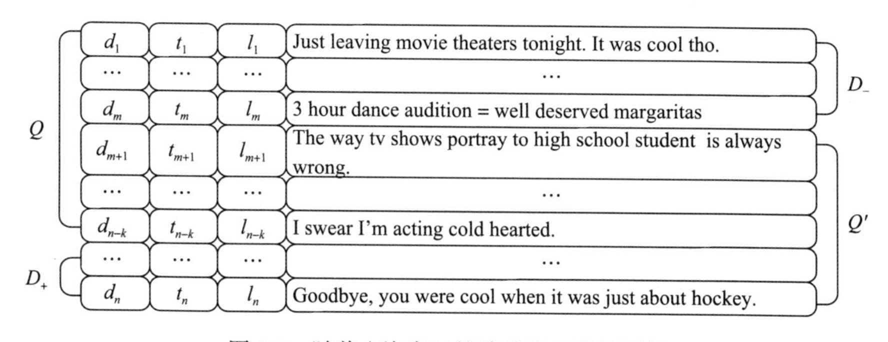

图 8.5 随着查询窗口的移动进行增量更新

8.7 复杂度分析

我们分别分析了候选生成步骤和候选分类步骤的时间复杂度。为了生成候选项，需要在新查询窗口中提取地理主题簇，其时间复杂度为 $O(INKD)$，其中 I 是 Gibbs 采样迭代的次数，N 是新推文的数量，K 是簇的最大数量，D 是潜在嵌入的维数。需要注意的是，I、K 和 D 在实际情况下通常设为一个固定的中等值，这样候选生成步骤与 N 大致呈线性关系，并且很高效。对于候选分类，主要的开销在于特征提取。设 N_c 是每个候选项中推文的最大数量，则特征提取的时间复杂度为 $O(KN_cD)$。

8.8 实验

8.8.1 实验设计

基线

我们将 TrioVecEvent 与所有现有的在线时空事件检测方法进行了比较，这些基线方法如下：

- EvenTweet [Abdelhaq et al., 2013] 从查询窗口中提取突发性和局部关键词，然后根据空间分布对这些关键词进行聚类，最后选出 top-K 个局部突发性的簇。
- GeoBurst [Zhang et al., 2016b] 是一种强大的基于随机游走的方法，用于在线局部事件检测。它首先使用随机游走在一个关键词共现图上检测地理主题簇，然后结合时间和空间的突发性权重对所有的簇进行排序。
- GeoBurst + [Zhang et al., 2018a] 是 GeoBurst 的升级版本，使用一个分类器替代了排序模块。我们训练一个分类器，而不是使用启发式排序候选项来确定每个候选项是否为时空事件。所使用的的特征包括空间突发性、时间突发性以及空间和时间集中度（8.5 节）。

参数

由于 EvenTweet 和 GeoBurst 都执行 top-K 选择以识别候选项中的时空事件，因此我们设 $K=5$ 以实现精确度和召回率之间的平衡。同时，EvenTweet 需要将整个空间划分为 $M\times M$ 的小网格。调整后，我们设 $M=50$。在 GeoBurst 和 GeoBurst + 中，还有三个附加参数：内核带宽 h；重启概率 α；RWR 相似度阈值 δ。设 h=0.01，α=0.2，δ=0.02。所有基线方法都需要在查询之前建立一个参考窗口，以量化候选项的突发性，我们遵循 [Zhang et al., 2016b] 中的方法，并设置参考窗口为一周。

TrioVecEvent 涉及以下主要参数：潜在嵌入的维数 D；簇的最大数量 K；Gibbs 采样迭代的次数 I。调整后，我们设 D=100，K=500，I=10，这是因为我们发现这样的参数取值能够使生成的地理主题簇是足够细化且高效的。此外，贝叶斯混合模型涉及多个超参数，如图 8.4 所示。我们发现模型通常对这些参数不敏感。我们设 $\alpha=1.0$，$c=0.01$，$R_0=0.01$，$\boldsymbol{m}_0=0.1\cdot\mathbf{1}$，$\lambda_0=1.0$，$\boldsymbol{\eta}_0=\mathbf{0}$，$v_0=2.0$，$\boldsymbol{S}_0=0.01\cdot\boldsymbol{I}$，这是针对在模型中使用的先验分布的常用值。我们在配置为 Intel Core i7 2.4 GHz CPU、8 GB 内存的计算机上进行实验。

数据集和真实值

我们的实验基于来自 Twitter 的真实数据开展。第一个数据集 LA 包含在 2014 年 8 月 1 日～ 2014 年 11 月 30 日期间收集到的在洛杉矶发布的带有地理标签的推文；第二个数据集 NY 包含在相同时期内在纽约发布的带有地理标签的推文。对于这两个数据集，我们都使用现成的工具 [Ritter et al., 2011] 来处理文本消息，保留了实体和名词，然后去除在整个语料库中出现次数少于 100 的关键词。

为了评估 GeoBurst + 和 TrioVecEvent 并收集训练数据，我们随机生成 200 个不重叠的查询窗口，这些窗口大小分别设置为 3 小时、4 小时、5 小时和 6 小时。在按时间顺序对这些窗口排序之后，我们通过每隔 5 分钟让窗口移动一个固定长度（3 小时、4 小时、5 小时和 6 小时）的方式来在线运行每种方法，并将落在目标查询窗口中的结果保存起来。在通过众包的形式收集到标记数据之后，我们使用前 100 个窗口中的真实值来训练 GeoBurst + 和 TrioVecEvent 的分类器，而其余的 100 个窗口用于比较所有方法。

现在，我们介绍基于众包的标记过程。对于所有方法，我们将其结果上传至 CrowdFlower[㊀]供人工判断。由于 EvenTweet 和 GeoBurst 是 K=5 的 top-K 方法，因此我们在每个查询窗口中为这些方法分别上传 5 个结果。GeoBurst + 和 TrioVecEvent 是基于分类的方法，其候选事件的原始数量可能很大。为了既能限制候选事件的数量又能确保两种方法的覆盖率，我们采用一种简单的启发式方法来消除负候选事件。这种方法将会删除用户过少（即用户数量少于 5 个）或空间分布过于分散（即经度或纬度标准差大于 0.02）的候选事件。在过滤掉这些不重要的负候选事件之

㊀ http://www.crowdflower.com/。

后，我们上传其余的候选项用于评估。

在 CrowdFlower 上，我们用 5 条推文和 10 个关键词来表示每个事件，并请 3 名 CrowdFlower 工作人员判断该事件是否确实是局部事件。为了确保工作人员的质量，我们在每个数据集上将 20 个查询标记为真实判断，以便只有在真实值上达到不低于 80% 的准确性的工作人员才能提交答案。最后，我们使用多数表决来汇总这些工作人员的答案。代表性推文和关键词的选择如下：对于 GeoBurst 和 GeoBurst +，我们选择了 5 条最有权威的推文，以及 10 条 TF-IDF 权重最大的关键词；EvenTweet 将每个事件表示为一组关键词，我们在每个事件中选择 10 个得分最高的关键词，然后将这组关键词作为一个查询，并使用 BM25 检索模型来检索 top-5 最相似的推文；TrioVecEvent 将候选项表示为一组推文，我们先计算平均语义嵌入，然后通过余弦相似度选择最相似的关键词和推文。

指标

如前所述，我们在其余的 100 个查询窗口中使用真实值来评估所有方法。为了量化所有方法的性能，我们通过以下指标进行说明。

1. *准确度*。检测准确度为 $P=N_{\text{true}}/N_{\text{report}}$，其中 N_{true} 表示真实时空事件的数量，N_{report} 表示已报告的事件的总数。

2. *伪召回率*。由于真实世界中缺乏全面的事件集，因此真正的召回率很难衡量。为此，我们使用伪召回率来衡量每种方法。具体而言，对于每个查询窗口，我们汇总不同方法的真阳性（正）样本。令 N_{total} 表示由不同方法检测到的不同时空事件的总数，每种方法的伪召回率计算为 $R=N_{\text{true}}/N_{\text{total}}$。

3. *伪 F1 评分*。最后，我们还给出了每种方法的伪 F1 评分，计算公式为 $F1=2PR/(P+R)$。

8.8.2　定性结果

在给出定量结果之前，我们先介绍 TrioVecEvent 的几个示例。图 8.6 和图 8.7 分别展示了 TrioVecEvent 在 LA 和 NY 两个数据集上检测到的几个地理主题簇。对于每个簇，我们绘制其簇成员推文的位置，并展示 top-5 代表性推文。图 8.6a 和图 8.6b 中的簇对应于 LA 中的两个正时空事件：在 LAPD 总部举行的抗议集会，为迈克·布朗和埃泽尔·福特发声；凯蒂·佩里在斯台普斯中心的音乐会。对于每个事件，我们可以看到生成的地理主题簇都具有高质量——每个簇中的推文在地理位置上是高度紧凑的，且语义也是连贯的。即使有部分推文在讨论事件时使用了不同的关键词（例如“shoot”“justice”和“protest”），TrioVecEvent 也能够将其分组到同一个簇中。这是因为多模态嵌入可以有效地捕获关键词之间的细微语义相关性。尽管 TrioVecEvent 将前两个簇划分为真实的时空事件，但是图 8.6c 中的最后一个簇被标记为负。虽然最后一个簇也是有意义的地理主题簇，但是它反映的是在长滩周边的常规活动，而不是异常事件。TrioVecEvent 能够捕获这个事件，并且将其划分为负类别。

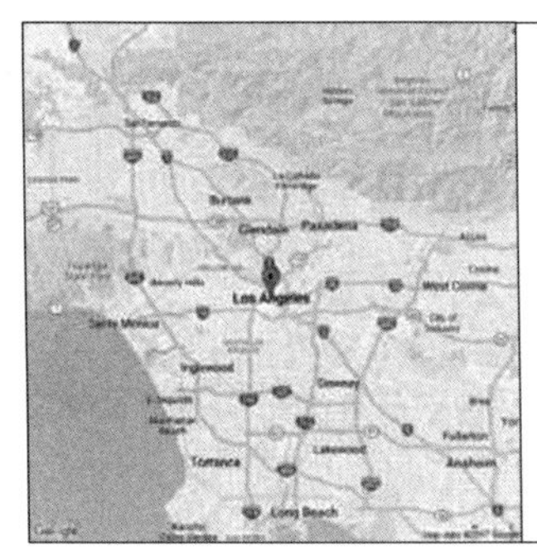

- Standing for **justice**! @ LAPD Headquarters http://t.co/YxNUAloQcE
- At the LAPD **protest** downtown **#EzellFord #MikeBrown** http://t.co/kWphv6dXOr.
- Hands Up. Don't **Shoot.** @ Los Angeles City Hall.
- Black, Brown, poor white, ALL **oppressed** people **unite**. #ftp #lapd **#ferguson** #lapd **#mikebrown #ezellford** http://t.co/szf3mJRJwV.
- Finished **marching** now **gathered** back at LAPD police as organizers speak some truth **#EzellFord #MikeBrown #ferguson** http://t.co/M33n9IMOzC.

a）LA时空事件I：在LAPD总部的抗议集会

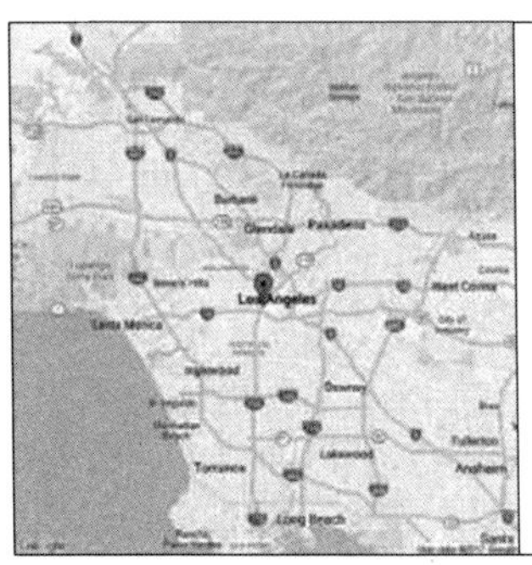

- Thanks for making my Teenage Dreams come true @arjanwrites!! AHHH @**KATYPERRY**!! (at @**STAPLESCenter** for **Katy Perry**) https://t.co/TVEaghr1Tt.
- **Katy perry** with my favorite. http://t.co/FpfPYAQNBR.
- @MahoganyLOX are you at the **Katy perry concert?**
- One of the beeeeest **concerts** in history!
- My two minutes of fame was me and my friends picture getting put on the TV screens at the **Katy Perry concert.**

b）LA时空事件II：凯蒂·佩里在斯台普斯中心的音乐会

- #beachlife @ Long Beach Shoreline Marina.
- Downtown LB at night #DTLB #LBC #Harbor @The Reef Restaurant.
- Jambalaya @ California Pizza Kitchen at Rainbow Harbor http://t.co/ 9XbDhQAVsN.
- #coachtoldmeto @ Octopus Long Beach http://t.co/lYQc8u2m1F.
- El Sauz tacos are the GOAT.

c）LA非异常事件：在长滩享受海边生活

图 8.6　在 LA 数据集上的地理主题簇示例（前两个簇被划分为正时空事件，第三个为负时空事件）

图 8.7a 和图 8.7b 展示了 TrioVecEvent 在数据集 NY 上检测到的两个时空事件示例。第一个是霍博肯音乐艺术节，第二个是尼克斯队和老鹰队之间的篮球比赛。同样地，我们可以看到簇成员推文在地理位置上和语义上都是高度相关的。由于它们代表了各自区域中有趣而又不寻常的活动，因此 TrioVecEvent 成功地将它们归类为真实的时空事件。相比之下，第三个簇反映的是在时代广场周围饮食的日常活动，并不是一个异常事件。

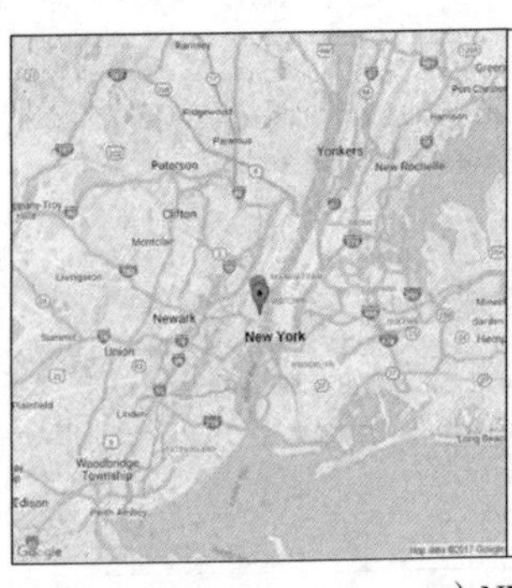

- **Hoboken Fall Arts & Music Festival** with bae @alli_holmes93 @ Washington St. Hoboken.
- On Washington Street. (at **Hoboken Music And Arts Festival**) https://t.co/YbLSdZhLZV
- Sweeeeet. Bonavita **Guitars**, at the **Hoboken festival**. http://t.co/ 2Cw1Qz4UGo
- I'm at **Hoboken Music And Arts Festival** in Hoboken, NJ https://t.co/i4bSM3mrjb
- It's a **festy music** day.

a）NY时空事件I：新泽西霍博肯音乐艺术节

- **Knicks game** w literally a person. http://t.co/hxVYidpCzs
- **Knicks game** with my main man.
- It has been one of my dream to watch **NBA game**!! Let's go! http://t.co/GRJRvFw6vd
- Watching @nyknicks at @TheGarden for for the first time! Go **Knicks**! #nyk4troops
- I was outside of **msg** today pretending I liked the **Knicks**. It's that bad

b）NY时空事件II：麦迪逊广场花园的尼克斯篮球赛

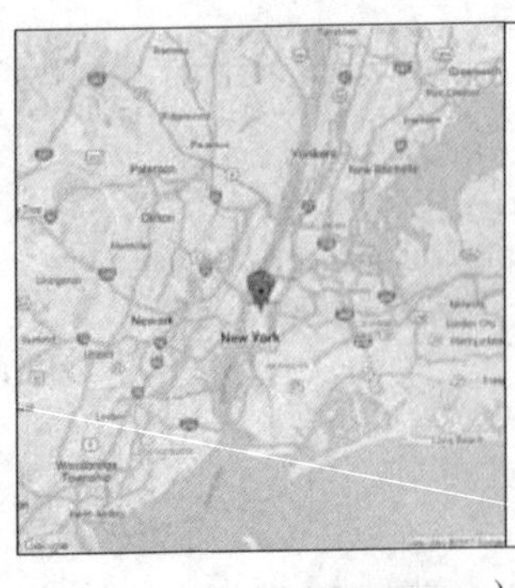

- Happiness is a shroom burger from Shake Shack. @ Shake Shack Times Square http://t.co/tvYqYbsK0o
- Just A Taco in the City ya Know #TimeSquare#DallasBBQ @ Dallas BBQ http://t.co/hyCNkpSrSd
- Craving a lobster roll, aka I must get to RI NOW.
- Rainbow Set Sushi dulu dan menikmati midtown manhattan sebelum kembali ke??? (at Wasabi Sushi & Bento) https://t.co/uC9rt8yCoC
- Pork carnitas tacos & blood orange margaritas w my favorite rican @ Lucys Cantina

c）NY非异常事件：时代广场周边饮食

图 8.7　在 NY 数据集上的地理主题簇检测示例（前两个簇被划分为正时空事件，第三个为负时空事件）

为了进一步理解 TrioVecEvent 能够生成高质量的地理主题簇的原理，并消除非异常事件候选项，我们可以重新检查图 8.2 中的示例。如图所示，基于已学到的嵌入的检索结果是非常有意义的。例如，给定查询“beach”，排名靠前的位置是在 LA 和 NYC 的所有海滩生活区域；给定机场的位置，排名靠前的关键词反映在机场周边且与飞行相关的典型活动；给定不同关键词作为查询，检索的关键词是语义相关的。这样的结果说明了 TrioVecEvent 为何能够将相关的推文划分到一个相关的地理主题簇中，以及为何嵌入能够作为有用的知识用于提取判别特征（例如，空间和时间异常）。

8.8.3 定量结果

效率比较

表 8.2 给出了不同方法在 LA 和 NY 两个数据集上实现的伪召回率和伪 F1 评分。我们发现 TrioVecEvent 在这两个数据集上的性能明显优于基线方法。与最强的基线方法 GeoBurst+ 相比，TrioVecEvent 的准确度提高了约 118%，伪召回率提高了 26%，伪 F1 评分提高了 66%。其性能的大幅度提升归因于 TrioVecEvent 的两个优点：基于嵌入的聚类模型可以更有效地捕获短文本语义，并生成高质量的地理主题聚类，以更好地覆盖所有潜在事件；多模态嵌入使分类器能够为候选项提取判别特征，从而准确地确定真实的时空事件。

表 8.2 不同方法的性能（P 是准确度，R 是伪召回率，F1 是伪 F1 评分）

方法	LA			NY		
	P	R	F1	P	R	F1
EvenTweet	0.132	0.212	0.163	0.108	0.196	0.139
GeoBurst	0.282	0.451	0.347	0.212	0.384	0.273
GeoBurst+	0.368	0.483	0.418	0.351	0.465	0.401
TrioVecEvent	**0.804**	**0.612**	**0.695**	**0.765**	**0.602**	**0.674**

通过比较 GeoBurst 及其升级版本 GeoBurst+，我们发现 GeoBurst+ 的性能明显优于 GeoBurst。这种现象进一步证明，基于分类的候选过滤优于基于排名的策略，即使训练数据的数量中等。EvenTweet 在我们的数据上的性能比其他方法差很多。在对结果进行调查之后，我们发现，尽管 EvenTweet 可以在查询窗口中提取时空突发性关键词，但是仅基于空间分布对这些关键词进行聚类往往导致语义不相关的关键词也会被划分到同一个簇中，从而降低检测的准确度。

8.8.4 可扩展性研究

我们继续介绍不同方法的效率。由于 GeoBurst + 的时间成本与 GeoBurst 几乎相同，因此为了简洁起见，我们只展示 GeoBurst 的时间成本以作说明。首先，我们针对贝叶斯混合模型研究 Gibbs 采样器的收敛速度。为此，我们随机选择一个 3 小时的查询窗口，然后使用贝叶斯混合模型在查询窗口中提取地理主题簇。图 8.8a 展示了随着 Gibbs 采样迭代次数的增加，对数似然的变化趋势。我们观察到在经过几次迭代之后，对数似然快速收敛。因此，为了提高效率，通常在实践中将迭代次数设置为相对较小的值（例如 10）就足够了。

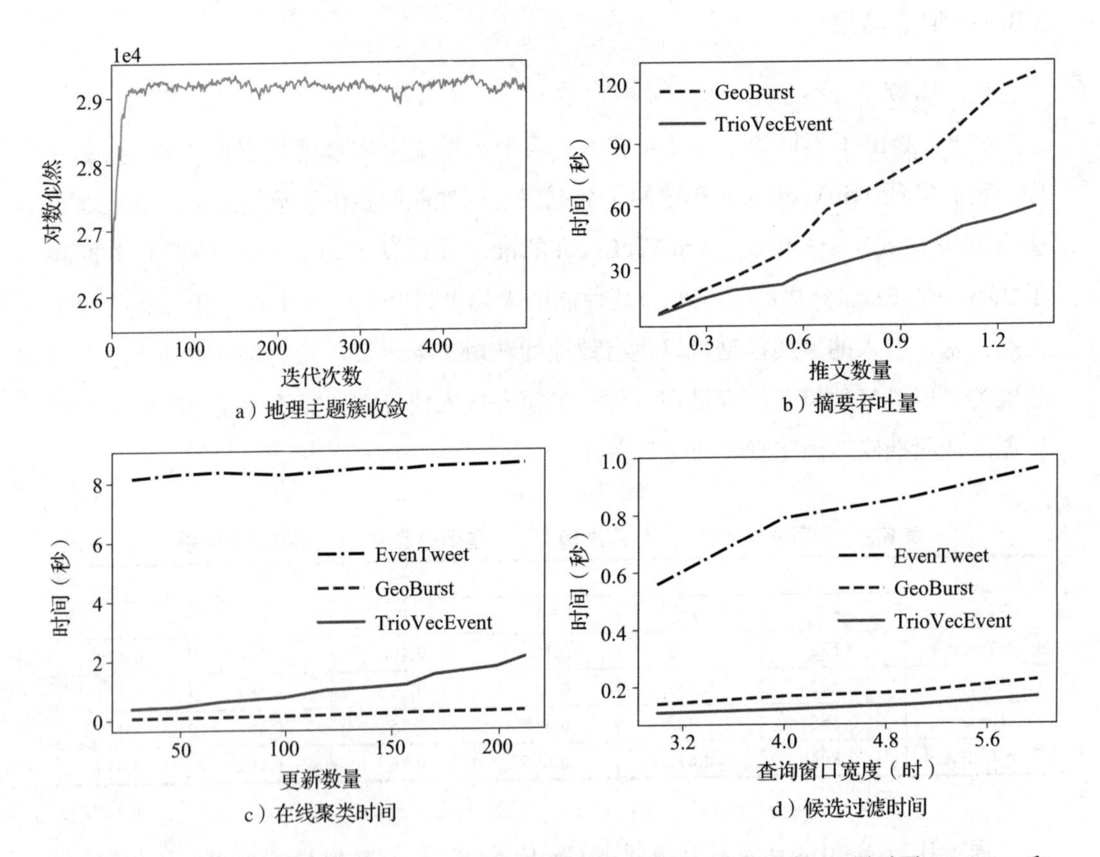

图 8.8　在 LA 数据集上的效率研究（a 展示了贝叶斯混合模型的收敛速度；b 展示了 GeoBurst 和 TrioVecEvent 的摘要吞吐量；c 展示了在线聚类的成本；d 展示了候选过滤的成本）

GeoBurst 和 TrioVecEvent 都需要对连续的推文流进行摘要以获取背景知识：GeoBurst 的摘要是通过扩展 Clustream 算法 [Aggarwal et al., 2003] 来完成的，而 TrioVecEvent 的摘要是通过多模态嵌入实现的。在这组实验中，我们比较了这两种方法中摘要模块的吞吐量。具体而言，我们应用这两种方法来处理 LA 数据集，并记录摘要的累积 CPU 时间。如图 8.8b 所示，这两种方法的摘要能够很好地扩展到不同的推文数量上，并且 TrioVecEvent 比 GeoBurst 快 50%。此外，我们还发现嵌入学习器的规模与处理的推文数量大致呈线性关系，因此它非常适用于大型推文流。

现在，我们研究不同方法的在线聚类和候选过滤的效率。为此，我们随机生成 1000 个 3 小时的查询窗口，并分别按照每隔 1 分，2 分，…，10 分的时间间隔连续移动每个窗口。在图 8.8c 中，我们根据新的推文的数量给出了不同方法的平均运行时间。如图所示，GeoBurst 和 TrioVecEvent 均比 EvenTweet 的效率更高，而 GeoBurst 的效率是最高的。在候选过滤方面，图 8.8d 给出了三种方法随着查询窗口大小变化而变化的运行时间。在这三种方法中，TrioVecEvent 在候选过滤方面的效率最高。这是因为 TrioVecEvent 只需要提取少量特征用于候选分类。基于已学到的多模态嵌入，其所有特征的计算成本都非常小。

8.8.5 特征的重要性

最后，我们衡量不同特征对于候选分类的重要性。我们是基于随机森林分类器进行衡量的，计算一个特征用于在已学习到的树结构中划分训练样本的次数。图 8.9 展示了所有特征的归一化分数，其中特征的分数越高，表示该特征越重要。如图所示，空间集中度在这两个数据集上是最重要的特征。这是在我们的预料之中的，因为时空事件通常发生在特定的兴趣点上，从而导致空间上紧凑的地理主题簇。异常度量也用作分类器的重要指标，它清楚地表明，嵌入可以用作区分异常事件和常规活动的有用知识。其他四个特征（突发性、语义集中度、时空异常和时间集中度）也是有用的指标，并获得了相当的权重。

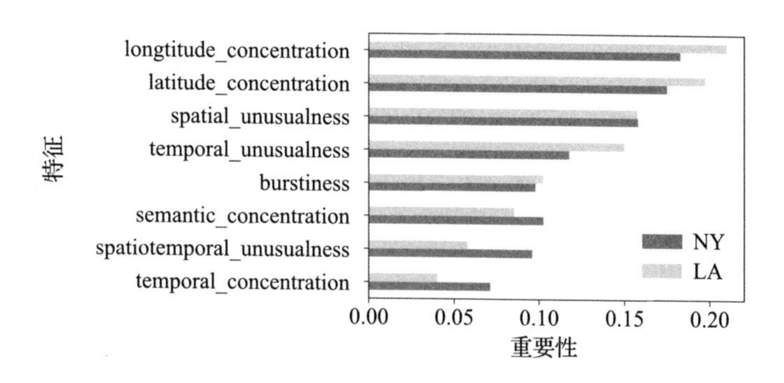

图 8.9 不同特征对于 LA 和 NY 两个数据集上的候选分类的重要性

8.9 小结

在本章中，我们提出了 TrioVecEvent 方法来检测三维空间中的异常时空事件。通过位置、时间和文本的多模态嵌入，TrioVecEvent 首先在查询块中获得高质量的地理主题簇，以确保对潜在事件的高度覆盖，然后提取一组特征来表征候选事件，以便可以准确地识别出真实的时空事件。我们执行的大量实验的结果表明，TrioVecEvent 可在提高效率的同时显著提高新方法的准确性。值得注意的是，通过少量的训练数据，TrioVecEvent 可以实现高达 80% 的准确度和 60% 的伪召回率，因此，可以将 TrioVecEvent 应用到真实的异常事件检测中。

第9章

结　　论

9.1 总结

在本书中，我们介绍了一个最小化监督框架，用于将非结构化文本数据转化为多维知识。在这个框架中，我们解决了多维文本分析的两个核心问题。

1. **将多维、多粒度的结构引入非结构化数据**。在本书的第一部分中，我们提出将大量非结构化数据组织到一个文本立方体中，该立方体允许最终用户使用声明性查询在不同粒度下沿多个维度检索所需要的数据。我们证明了利用最少的监督来解决缺乏标记数据的立方体构造的中心子任务是可行的。具体而言，我们介绍了用于分类器生成和文档分配的无监督或弱监督算法。我们的 TaxoGen 方法可以以无监督的方式将一组词项组织到一个主题分类结构中，学习局部自适应嵌入来构造分类器，并使用层次自适应聚类将词项分配到恰当的层。我们的 HiExpan 方法从一组易于提供的种子分类器中使用文本语料库迭代地生成分类器，并优化其全局结构，从而生成一个词语级的分类器。我们的 WeSTClass 方法利用词嵌入和自训练初始化神经网络生成伪训练文档，基于最少的监督执行文本分类。WeSHClass 是对 WeSTClass 的扩展，以支持层次文档分类。WeSTClass 和 WeSHClass 不需要过多的标记文档作为训练数据，只需要弱监督（例如，表面标签名称或相关关键词），但是它们在分类的各种指标上都能达到令人满意的性能。

2. **在立方体空间中发现多维知识**。在本书的第二部分中，我们介绍了在立方体空间中发现多维模式的方法。多维模式发现的一般原理是同时对多个方面进行建模以揭示其集体行为。在这个原则下，我们开发了针对多种模式发现任务的算法。我们首先研究了多维摘要问题，并介绍了 RepPhrase 方法，该方法沿多个维度比较查询单元格及其兄弟单元格来生成代表性短语摘要。我们还研究了跨维度预测问题——如何跨不同维度进行准确的预测。为此，我们设计了 CrossMap 方法。它使用半监督范式学习高质量的多模态嵌入，利用外部知识来指导嵌入学习过程，同时以在线方式执行，以强调最新信息。我们最后还研究了异常时空事件检测的问题。通过结合多模态嵌入和潜在变量模型，我们提出了 TrioVecEvent 方法，首先检测多维空间中的地理主题簇，然后提取少量特征以检测真正的异常事件。

结合以上两个模块，本书提出了一个通用的集成框架。基于以下两个特性，该框架允许最终用户轻易地将非结构化数据转化为有用的多维知识。首先，**它是多维且多粒度的，因此具有灵活性**。通过将非结构化数据组织到一个多维立方体中并从中提取模式，我们的工作简化了按需进行多维挖掘的过程。用户可以通过多维、多粒度的查询轻松地识别相关数据；然后运用现有的挖掘原语（例如，摘要、可视化）或我们介绍的方法来获取有用的知识。其次，**它解决了文本的多维知识挖掘中标签稀缺的问题**。立方体构造和开发模块的算法需要少量训练数据，或者甚至不需要训练数据。这样，最终用户在难以获取大规模标记数据的情景下，可以使用我们提出的框架来构造和挖掘海量文本数据。

9.2　未来工作

我们看到，将现有的算法进行扩展以支撑文本挖掘是未来比较有前景的一些方向。我们将在这里进行讨论。

通过数据局部性减轻标签稀缺问题。缺乏足够的标记数据已成为阻碍许多监督学习技术推广应用的主要瓶颈。而这样的问题不仅存在于文本数据上，且处理标签稀缺性的一个重要策略是将信息从一个领域迁移到另一个领域。我们提出的框架能够将非结构化数据组织成一个多维立方体结构，该结构中兄弟单元格的数据实例紧密相关。在未来，利用这类数据的局部性来处理标签稀缺问题会是一个很有趣的研究方向。以情感分析为例，假设一个多维立方体单元格包含少量标记实例，我们是否能够从其兄弟单元格或父单元格迁移信息？在信息迁移过程中，应该向哪些单元格赋予更高的优先级？这些问题都是新出现的，并且具有挑战性，但是凭借立方体结构的数据局部性的优势，可以大大提升现有的迁移学习范式。

通过在线模型聚合来加速机器学习。实际上，用户对统计模型的需求可能是临时性的，也可能基于某个特定的上下文。在同一数据集中，不同的用户可以选择完全不同的子集，并根据自己选择的数据学习模型。但是，模型训练可能成本很高。我们能否避免对一个临时的数据子集重新开始训练模型？立方体结构就是基于此问题而设计的。受到现有 OLAP 技术的启发，立方体结构利用预计算来实现快速在线建模服务。其核心理念是在不同的数据立方体块中训练局部模型，并聚合这些预训练的局部模型来进行在线建模。这将极大地加速从数据发现知识的过程，但是，新模型的物化和聚合技术需要针对这一功能进行设计。

结构辅助的交互式数据挖掘。在许多应用中，从文本数据获取知识是一个交互的过程，在此过程中人与机器需要相互协作。利用我们的研究来促进这种人为循环的过程具有巨大的潜力：机器接受用户选择的数据，沿不同的维度和粒度执行数据分析，并提供可解释的模式和可视化；用户了解所产生的模式和视觉提示，调整其数据选择方案，并提供反馈以指导机器提取更多有用的知识。为了实现这一目标，需要解决几个研究问题：如何设计立方体物化策略，使其能够实时或接近实时地返回用户期望的结果？如何开发立方体定制的可视化技术和接口来帮助用户更简单地获取有用的知识？如何利用用户的反馈来学习有效的策略，以便能够智能地利用立方体中的不同单元格来更好地满足用户的信息需求？

最后，随着数字化进程的不断发展，预计在未来几年中，数据的复杂性和规模都将持续增长。本书所提出的技术有可能成为一个通用的、用于复杂数据集处理的知识获取框架，这些技术旨在解决数据异质性和标签稀缺性，允许用户毫不费力地构造并挖掘数据。我们设想将该框架扩展到更多的数据类型，并以此为起点，继续探索如何进一步应对大规模数据挖掘场景中的其他挑战。

参考文献

H. Abdelhaq, C. Sengstock, and M. Gertz. EvenTweet: Online localized event detection from twitter. *PVLDB*, 6(12):1326–1329, 2013. DOI: 10.14778/2536274.2536307 146, 155

C. C. Aggarwal and K. Subbian. Event detection in social streams. In *SDM*, pages 624–635, 2012. DOI: 10.1137/1.9781611972825.54 143, 145

C. C. Aggarwal, J. Han, J. Wang, and P. S. Yu. A framework for clustering evolving data streams. In *VLDB*, pages 81–92, 2003. DOI: 10.1016/b978-012722442-8/50016-1 162

E. Agichtein and L. Gravano. Snowball: Extracting relations from large plain-text collections. In *ACM DL*, pages 85–94, 2000. DOI: 10.1145/336597.336644 17

J. Allan, R. Papka, and V. Lavrenko. On-line new event detection and tracking. In *SIGIR*, pages 37–45, 1998. DOI: 10.1145/3130348.3130366 143, 145

L. E. Anke, J. Camacho-Collados, C. D. Bovi, and H. Saggion. Supervised distributional hypernym discovery via domain adaptation. In *EMNLP*, pages 424–435, 2016. DOI: 10.18653/v1/d16-1041 16

D. Bahdanau, K. Cho, and Y. Bengio. Neural machine translation by jointly learning to align and translate. *CoRR*, abs/1409.0473, 2014. 59

A. Banerjee, I. S. Dhillon, J. Ghosh, and S. Sra. Clustering on the unit hypersphere using von Mises–Fisher distributions. *Journal of Machine Learning Research*, 2005. 54, 55, 75, 76

M. Bansal, D. Burkett, G. de Melo, and D. Klein. Structured learning for taxonomy induction with belief propagation. In *ACL*, pages 1041–1051, 2014. DOI: 10.3115/v1/p14-1098 17

K. Batmanghelich, A. Saeedi, K. Narasimhan, and S. Gershman. Nonparametric spherical topic modeling with word embeddings. In *ACL*, 2016. DOI: 10.18653/v1/p16-2087 54, 152

S. Bedathur, K. Berberich, J. Dittrich, N. Mamoulis, and G. Weikum. Interesting-phrase mining for ad hoc text analytics. *PVLDB*, 2010. DOI: 10.14778/1920841.1921007 94, 104

O. Ben-Yitzhak, N. Golbandi, N. Har'El, R. Lempel, A. Neumann, S. Ofek-Koifman, D. Sheinwald, E. Shekita, B. Sznajder, and S. Yogev. Beyond basic faceted search. In *WSDM*, 2008. DOI: 10.1145/1341531.1341539 94

D. M. Blei, T. L. Griffiths, M. I. Jordan, and J. B. Tenenbaum. Hierarchical topic models and the nested Chinese restaurant process. In *NIPS*, pages 17–24, 2003a. 14, 17, 24

D. M. Blei, A. Y. Ng, and M. I. Jordan. Latent Dirichlet allocation. *Journal of Machine Learning Research*, 3(1):993–1022, 2003b. 60, 119

G. Bordea, P. Buitelaar, S. Faralli, and R. Navigli. SemEval-2015 task 17: Taxonomy extraction evaluation (TExEval). In *Proc. of the 9th International Workshop on Semantic Evaluation*, 2015. DOI: 10.18653/v1/s15-2151 46

G. Bordea, E. Lefever, and P. Buitelaar. SemEval-2016 task 13: Taxonomy extraction evaluation (TExEval-2). In *SemEval*, 2016. DOI: 10.18653/v1/s16-1168 46

R. J. Byrd, S. R. Steinhubl, J. Sun, S. Ebadollahi, and W. F. Stewart. Automatic identification of heart failure diagnostic criteria, using text analysis of clinical notes from electronic health records. *International Journal of Medical Informatics*, 83(12):983–992, 2014. DOI: 10.1016/j.ijmedinf.2012.12.005 1

L. Cai and T. Hofmann. Hierarchical document categorization with support vector machines. In *CIKM*, 2004. DOI: 10.1145/1031171.1031186 71, 73

A. Carlson, J. Betteridge, B. Kisiel, B. Settles, E. R. Hruschka Jr, and T. M. Mitchell. Toward an architecture for never-ending language learning. In *AAAI*, 2010. 17

M. Ceci and D. Malerba. Classifying web documents in a hierarchy of categories: A comprehensive study. *Journal of Intelligent Information Systems*, 28:37–78, 2006. DOI: 10.1007/s10844-006-0003-2 71

M. Chang, L. Ratinov, D. Roth, and V. Srikumar. Importance of semantic representation: Dataless classification. In *AAAI*, pages 830–835, 2008. 52, 60

S. Chaudhuri and U. Dayal. An overview of data warehousing and OLAP technology. *ACM Sigmod Record*, 26(1):65–74, 1997. DOI: 10.1145/248603.248616 3

L. Chen and A. Roy. Event detection from Flickr data through wavelet-based spatial analysis. In *CIKM*, pages 523–532, 2009. DOI: 10.1145/1645953.1646021 144, 146

X. Chen, Y. Xia, P. Jin, and J. A. Carroll. Dataless text classification with descriptive LDA. In *AAAI*, pages 2224–2231, 2015. 51, 73

Z. Chen, M. Cafarella, and H. Jagadish. Long-tail vocabulary dictionary extraction from the Web. In *WSDM*, 2016. DOI: 10.1145/2835776.2835778 33

P. Cimiano, A. Hotho, and S. Staab. Comparing conceptual, divisive and agglomerative clustering for learning taxonomies from text. In *ECAI*, pages 435–439, 2004. 17

B. Cui, J. Yao, G. Cong, and Y. Huang. Evolutionary taxonomy construction from dynamic tag space. In *WISE*, pages 105–119, 2010. DOI: 10.1007/978-3-642-17616-6_11 14, 16

D. Dash, J. Rao, N. Megiddo, A. Ailamaki, and G. Lohman. Dynamic faceted search for discovery-driven analysis. In *CIKM*, 2008. DOI: 10.1145/1458082.1458087 94

D. L. Davies and D. W. Bouldin. A cluster separation measure. *IEEE Transactions on Pattern Analysis and Machine Intelligence*, 1(2):224–227, 1979. DOI: 10.1109/tpami.1979.4766909 17, 29

I. S. Dhillon and D. S. Modha. Concept decompositions for large sparse text data using clustering. *Machine Learning*, 42(1/2):143–175, 2001. DOI: 10.1023/A:1007612920971 18

B. Ding, B. Zhao, C. X. Lin, J. Han, and C. Zhai. TopCells: Keyword-based search of top-k aggregated documents in text cube. In *ICDE*, pages 381–384, 2010. DOI:

10.1109/icde.2010.5447838 94

D. Downey, C. Bhagavatula, and Y. Yang. Efficient methods for inferring large sparse topic hierarchies. In *ACL*, pages 774–784, 2015. DOI: 10.3115/v1/p15-1075 14, 17

S. T. Dumais and H. Chen. Hierarchical classification of web content. In *SIGIR*, 2000. DOI: 10.1145/345508.345593 71, 73, 81

A. El-Kishky, Y. Song, C. Wang, C. R. Voss, and J. Han. Scalable topical phrase mining from text corpora. *Proc. of the VLDB Endowment*, (3), 2014. DOI: 10.14778/2735508.2735519 107

W. Feng, C. Zhang, W. Zhang, J. Han, J. Wang, C. Aggarwal, and J. Huang. STREAMCUBE: hierarchical spatio-temporal hashtag clustering for event exploration over the twitter stream. In *ICDE*, pages 1561–1572, 2015. DOI: 10.1109/icde.2015.7113425 146

R. Fisher. Dispersion on a sphere. *Proc. of the Royal Society of London. Series A. Mathematical and Physical Sciences*, 1953. DOI: 10.1098/rspa.1953.0064 50

J. Foley, M. Bendersky, and V. Josifovski. Learning to extract local events from the Web. In *SIGIR*, pages 423–432, 2015. DOI: 10.1145/2766462.2767739 146

R. Fu, J. Guo, B. Qin, W. Che, H. Wang, and T. Liu. Learning semantic hierarchies via word embeddings. In *ACL*, pages 1199–1209, 2014. DOI: 10.3115/v1/p14-1113 16, 17

G. P. C. Fung, J. X. Yu, P. S. Yu, and H. Lu. Parameter free bursty events detection in text streams. In *VLDB*, pages 181–192, 2005. 146

E. Gabrilovich and S. Markovitch. Computing semantic relatedness using Wikipedia-based explicit semantic analysis. In *IJCAI*, 2007. 52, 60, 81

K. Ganchev, J. Gillenwater, B. Taskar, et al. Posterior regularization for structured latent variable models. *Journal of Machine Learning Research*, 11(Jul):2001–2049, 2010. 51, 73

A. Gandomi and M. Haider. Beyond the hype: Big data concepts, methods, and analytics. *International Journal of Information Management*, 35:137–144, 2015. DOI: 10.1016/j.ijinfomgt.2014.10.007 1

P. Giridhar, S. Wang, T. F. Abdelzaher, J. George, L. Kaplan, and R. Ganti. Joint localization of events and sources in social networks. In *DCOSS*, pages 179–188, 2015. DOI: 10.1109/dcoss.2015.14 146

S. Gopal and Y. Yang. Von Mises–Fisher clustering models. In *ICML*, 2014. 54, 75, 152

G. Grefenstette. INRIASAC: Simple hypernym extraction methods. In *SemEval@NAACL-HLT*, 2015. DOI: 10.18653/v1/s15-2152 17

H. Gui, Q. Zhu, L. Liu, A. Zhang, and J. Han. Expert finding in heterogeneous bibliographic networks with locally-trained embeddings. *CoRR*, abs/1803.03370, 2018. 16, 19, 22

J. Han, M. Kamber, and J. Pei. *Data Mining: Concepts and Techniques*, 3rd ed., Morgan Kaufmann Publishers Inc., 2011. 3

R. A. Harshman. Foundations of the PARAFAC procedure: Models and conditions for an "explanatory" multi-modal factor analysis. *UCLA Working Papers in Phonetics*, 16(1):84, 1970. 131

Q. He, K. Chang, and E.-P. Lim. Analyzing feature trajectories for event detection. In *SIGIR*, pages 207–214, 2007. DOI: 10.1145/1277741.1277779 145, 146

Y. He and D. Xin. SEISA: Set expansion by iterative similarity aggregation. In *WWW*, 2011. DOI: 10.1145/1963405.1963467 33

M. A. Hearst. Automatic acquisition of hyponyms from large text corpora. In *COLING*, pages 539–545, 1992. DOI: 10.3115/992133.992154 16

M. A. Hearst. Clustering versus faceted categories for information exploration. *Communications of the ACM*, (4), 2006. DOI: 10.1145/1121949.1121983 94

S. Hochreiter and J. Schmidhuber. Long short-term memory. *Neural Computation*, 9:1735–1780, 1997. DOI: 10.1162/neco.1997.9.8.1735 82

T. Hofmann. Probabilistic latent semantic indexing. In *SIGIR*, pages 50–57, 1999. DOI: 10.1145/3130348.3130370 119

L. Hong, A. Ahmed, S. Gurumurthy, A. J. Smola, and K. Tsioutsiouliklis. Discovering geographical topics in the twitter stream. In *WWW*, pages 769–778, 2012. DOI: 10.1145/2187836.2187940 119

W. Hua, Z. Wang, H. Wang, K. Zheng, and X. Zhou. Understand short texts by harvesting and analyzing semantic knowledge. *TKDE*, 2017. DOI: 10.1109/tkde.2016.2571687 31

A. Inokuchi and K. Takeda. A method for online analytical processing of text data. In *CIKM*, pages 455–464, 2007. DOI: 10.1145/1321440.1321506 94

M. Jiang, J. Shang, T. Cassidy, X. Ren, L. M. Kaplan, T. P. Hanratty, and J. Han. MetaPAD: Meta pattern discovery from massive text corpora. In *KDD*, pages 877–886, 2017. DOI: 10.1145/3097983.3098105 17

R. Johnson and T. Zhang. Effective use of word order for text categorization with convolutional neural networks. In *HLT-NAACL*, 2015. DOI: 10.3115/v1/n15-1011 49

W. Kang, A. K. H. Tung, W. Chen, X. Li, Q. Song, C. Zhang, F. Zhao, and X. Zhou. Trendspedia: An internet observatory for analyzing and visualizing the evolving web. In *ICDE*, pages 1206–1209, 2014. DOI: 10.1109/icde.2014.6816742 143, 145

Y. Kim. Convolutional neural networks for sentence classification. In *EMNLP*, 2014. DOI: 10.3115/v1/d14-1181 49, 58, 60, 71, 82

C. C. Kling, J. Kunegis, S. Sizov, and S. Staab. Detecting non-Gaussian geographical topics in tagged photo collections. In *WSDM*, pages 603–612, 2014. DOI: 10.1145/2556195.2556218 117, 119, 120, 131, 132

Z. Kozareva and E. H. Hovy. A semi-supervised method to learn and construct taxonomies using the Web. In *ACL*, pages 1110–1118, 2010. 14, 16

J. Krumm and E. Horvitz. Eyewitness: Identifying local events via space-time signals in twitter feeds. In *SIGSPATIAL*, pages 20:1–20:10, 2015. DOI: 10.1145/2820783.2820801 144, 146

R. Kumar, P. Raghavan, S. Rajagopalan, and A. Tomkins. On semi-automated web taxonomy construction. In *WebDB*, pages 91–96, 2001. 14, 16

O. Levy, Y. Goldberg, and I. Dagan. Improving distributional similarity with lessons learned from word embeddings. *TACL*, 2015. DOI: 10.1162/tacl_a_00134 54, 75

C. Li, A. Sun, and A. Datta. Twevent: Segment-based event detection from tweets. In *CIKM*, pages 155–164, 2012a. DOI: 10.1145/2396761.2396785 145, 146

C. Li, J. Xing, A. Sun, and Z. Ma. Effective document labeling with very few seed words: A topic model approach. In *CIKM*, 2016. DOI: 10.1145/2983323.2983721 50, 52

H. Li, G. Fei, S. Wang, B. Liu, W. Shao, A. Mukherjee, and J. Shao. Bimodal distribution and co-bursting in review spam detection. In *WWW*, pages 1063–1072, 2017. DOI: 10.1145/3038912.3052582 1

K. Li, H. Zha, Y. Su, and X. Yan. Unsupervised neural categorization for scientific publications. In *SDM*, 2018. DOI: 10.1137/1.9781611975321.5 50, 52, 60

L. Li, W. Chu, J. Langford, and R. E. Schapire. A contextual-bandit approach to personalized news article recommendation. In *WWW*, pages 661–670, 2010a. DOI: 10.1145/1772690.1772758 1

R. Li, K. H. Lei, R. Khadiwala, and K.-C. Chang. TEDAS: A twitter-based event detection and analysis system. In *ICDE*, pages 1273–1276, 2012b. DOI: 10.1109/icde.2012.125 1, 146

Y. Li, J. Nie, Y. Zhang, B. Wang, B. Yan, and F. Weng. Contextual recommendation based on text mining. In *COLING*, pages 692–700, 2010b. 1

C. X. Lin, B. Ding, J. Han, F. Zhu, and B. Zhao. Text cube: Computing IR measures for multidimensional text database analysis. In *ICDM*, pages 905–910, 2008. DOI: 10.1109/icdm.2008.135 94, 104

X. Ling and D. S. Weld. Fine-grained entity recognition. In *AAAI*, 2012. 42

J. Liu, J. Shang, C. Wang, X. Ren, and J. Han. Mining quality phrases from massive text corpora. In *SIGMOD*, 2015. DOI: 10.1145/2723372.2751523 97

T.-Y. Liu, Y. Yang, H. Wan, H.-J. Zeng, Z. Chen, and W.-Y. Ma. Support vector machines classification with a very large-scale taxonomy. *SIGKDD Explorations*, 7:36–43, 2005. DOI: 10.1145/1089815.1089821 71, 73, 81

X. Liu, Y. Song, S. Liu, and H. Wang. Automatic taxonomy construction from keywords. In *KDD*, pages 1433–1441, 2012. DOI: 10.1145/2339530.2339754 14, 16, 17

Y. Lu and C. Zhai. Opinion integration through semi-supervised topic modeling. In *WWW*, pages 121–130, 2008. DOI: 10.1145/1367497.1367514 51

A. T. Luu, J. Kim, and S. Ng. Taxonomy construction using syntactic contextual evidence. In *EMNLP*, pages 810–819, 2014. DOI: 10.3115/v1/d14-1088 14, 16

A. T. Luu, Y. Tay, S. C. Hui, and S. Ng. Learning term embeddings for taxonomic relation identification using dynamic weighting neural network. In *EMNLP*, pages 403–413, 2016. DOI: 10.18653/v1/d16-1039 16, 17

L. v. d. Maaten and G. Hinton. Visualizing data using t-SNE. *Journal of Machine Learning Research*, 9(85):2579–2605, 2008. 141

C. D. Manning, P. Raghavan, H. Schütze, et al. *Introduction to Information Retrieval*. Cambridge University Press, Cambridge, 2008. DOI: 10.1017/cbo9780511809071 98

Y. Mao, X. Ren, J. Shen, X. Gu, and J. Han. End-to-end reinforcement learning for automatic taxonomy induction. In *ACL*, 2018. 46

M. Mathioudakis and N. Koudas. TwitterMonitor: Trend detection over the twitter stream. In *SIGMOD*, pages 1155–1158, 2010. DOI: 10.1145/1807167.1807306 145

Q. Mei, C. Liu, H. Su, and C. Zhai. A probabilistic approach to spatiotemporal theme pattern mining on weblogs. In *WWW*, pages 533–542, 2006. DOI: 10.1145/1135777.1135857 119

M. Mendoza, E. Alegría, M. Maca, C. A. C. Lozada, and E. León. Multidimensional analysis model for a document warehouse that includes textual measures. *Decision Support Systems*, 72: 44–59, 2015. DOI: 10.1016/j.dss.2015.02.008 94

Y. Meng, J. Shen, C. Zhang, and J. Han. Weakly-supervised neural text classification. In *CIKM*, 2018. DOI: 10.1145/3269206.3271737 6, 73, 82, 83

Y. Meng, J. Shen, C. Zhang, and J. Han. Weakly-supervised hierarchical text classification. In *AAAI*, 2019. DOI: 10.1145/3269206.3271737 6

T. Mikolov, I. Sutskever, K. Chen, G. S. Corrado, and J. Dean. Distributed representations of words and phrases and their compositionality. In *NIPS*, pages 3111–3119, 2013. DOI: 10.1101/524280 14, 19, 22, 36, 38, 39, 43, 54, 61, 75, 82, 124, 152

D. M. Mimno, W. Li, and A. McCallum. Mixtures of hierarchical topics with pachinko allocation. In *ICML*, pages 633–640, 2007. DOI: 10.1145/1273496.1273576 14, 17, 24

T. Miyato, A. M. Dai, and I. Goodfellow. Adversarial training methods for semi-supervised text classification. 2016. 50

K. P. Murphy. *Machine Learning: A Probabilistic Perspective*. MIT Press, 2012. 151, 153

N. Nakashole, G. Weikum, and F. Suchanek. Patty: A taxonomy of relational patterns with semantic types. In *EMNLP*, pages 1135–1145, 2012. 17

K. Nigam and R. Ghani. Analyzing the effectiveness and applicability of co-training. In *CIKM*, 2000. DOI: 10.1145/354756.354805 58

G. Nunez-Antonio and E. Gutiérrez-Pena. A Bayesian analysis of directional data using the von Mises–Fisher distribution. *Communications in Statistics—Simulation and Computation*, 34(4):989–999, 2005. DOI: 10.1080/03610910500308495 151

A. Oliver, A. Odena, C. Raffel, E. D. Cubuk, and I. J. Goodfellow. Realistic evaluation of semi-supervised learning algorithms. 2018. 50

A. Panchenko, S. Faralli, E. Ruppert, S. Remus, H. Naets, C. Fairon, S. P. Ponzetto, and C. Biemann. Taxi at SemEval-2016 task 13: A taxonomy induction method based on lexico-syntactic patterns, substrings and focused crawling. In *SemEval@NAACL-HLT*, 2016. DOI: 10.18653/v1/s16-1206 17

P. Pantel, E. Crestan, A. Borkovsky, A.-M. Popescu, and V. Vyas. Web-scale distributional similarity and entity set expansion. In *EMNLP*, 2009. DOI: 10.3115/1699571.1699635 33

H. Peng, J. Li, Y. He, Y. Liu, M. Bao, L. Wang, Y. Song, and Q. Yang. Large-scale hierarchical text classification with recursively regularized deep graph-cnn. In *WWW*, 2018. DOI: 10.1145/3178876.3186005 73

J. M. Pérez-Martínez, R. Berlanga-Llavori, M. J. Aramburu-Cabo, and T. B. Pedersen. Contextualizing data warehouses with documents. *Decision Support Systems*, 45(1):77–94, 2008. DOI: 10.1016/j.dss.2006.12.005 94

S. P. Ponzetto and M. Strube. Deriving a large-scale taxonomy from Wikipedia. In *AAAI*, pages 1440–1445, 2007. 17

Y. Prabhu and M. Varma. FastXML: A fast, accurate and stable tree-classifier for extreme multi-label learning. In *KDD*, 2014. DOI: 10.1145/2623330.2623651 73

M. Qu, X. Ren, Y. Zhang, and J. Han. Weakly-supervised relation extraction by pattern-enhanced embedding learning. In *WWW*, 2018. DOI: 10.1145/3178876.3186024 35, 36, 39, 43

M. Quezada, V. Peña-Araya, and B. Poblete. Location-aware model for news events in social media. In *SIGIR*, pages 935–938, 2015. DOI: 10.1145/2766462.2767815 146

F. Ravat, O. Teste, R. Tournier, and G. Zurfluh. Top_keyword: An aggregation function for textual document OLAP. In *International Conference Data Warehousing and Knowledge Discovery*, pages 55–64, 2008. DOI: 10.1007/978-3-540-85836-2_6 94

A. Ritter, S. Clark, Mausam, and O. Etzioni. Named entity recognition in tweets: An experimental study. In *EMNLP*, pages 1524–1534, 2011. 156

S. E. Robertson, S. Walker, S. Jones, M. Hancock-Beaulieu, and M. Gatford. Okapi at TREC-3. In *TREC*, pages 109–126, 1994. 98

X. Rong, Z. Chen, Q. Mei, and E. Adar. EgoSet: Exploiting word ego-networks and user-generated ontology for multifaceted set expansion. In *WSDM*, 2016. DOI: 10.1145/2835776.2835808 32, 33, 36

C. Rosenberg, M. Hebert, and H. Schneiderman. Semi-supervised self-training of object detection models. In *WACV/MOTION*, 2005. DOI: 10.1109/acvmot.2005.107 58

T. Sakaki, M. Okazaki, and Y. Matsuo. Earthquake shakes twitter users: Real-time event detection by social sensors. In *WWW*, pages 851–860, 2010. DOI: 10.1145/1772690.1772777 1, 146

J. Sankaranarayanan, H. Samet, B. E. Teitler, M. D. Lieberman, and J. Sperling. Twitterstand: News in tweets. In *GIS*, pages 42–51, 2009. DOI: 10.1145/1653771.1653781 143, 145

J. Seitner, C. Bizer, K. Eckert, S. Faralli, R. Meusel, H. Paulheim, and S. P. Ponzetto. A large database of hypernymy relations extracted from the Web. In *LREC*, 2016. 17

J. Shang, J. Liu, M. Jiang, X. Ren, C. R. Voss, and J. Han. Automated phrase mining from massive text corpora. *TKDE*, 2018. DOI: 10.1109/tkde.2018.2812203 35, 43

R. Shearer and I. Horrocks. Exploiting partial information in taxonomy construction. *The Semantic Web-ISWC*, pages 569–584, 2009. DOI: 10.1007/978-3-642-04930-9_36 14, 16

J. Shen, Z. Wu, D. Lei, J. Shang, X. Ren, and J. Han. SeteXpan: Corpus-based set expansion via context feature selection and rank ensemble. In *ECML/PKDD*, 2017. DOI: 10.1007/978-3-319-71249-9_18 32, 33, 35, 36, 38, 42

J. Shen, Z. Wu, D. Lei, C. Zhang, X. Ren, M. T. Vanni, B. M. Sadler, and J. Han. HiExpan: Task-guided taxonomy construction by hierarchical tree expansion. In *KDD*, 2018. DOI: 10.1145/3219819.3220115 6

B. Shi, Z. Zhang, L. Sun, and X. Han. A probabilistic co-bootstrapping method for entity set expansion. In *COLING*, 2014. 33

S. Shi, H. Zhang, X. Yuan, and J.-R. Wen. Corpus-based semantic class mining: Distributional vs. pattern-based approaches. In *COLING*, 2010. 33

K. Shu, A. Sliva, S. Wang, J. Tang, and H. Liu. Fake news detection on social media: A data mining perspective. *SIGKDD Explorations*, 19:22–36, 2017. DOI: 10.1145/3137597.3137600 1

C. N. Silla and A. A. Freitas. A survey of hierarchical classification across different application domains. *Data Mining and Knowledge Discovery*, 22:31–72, 2010. DOI: 10.1007/s10618-010-0175-9 74

A. Simitsis, A. Baid, Y. Sismanis, and B. Reinwald. Multidimensional content exploration. *Proc. of the VLDB Endowment*, (1), 2008. DOI: 10.14778/1453856.1453929 92, 107

S. Sizov. Geofolk: Latent spatial semantics in web 2.0 social media. In *WSDM*, pages 281–290, 2010. DOI: 10.1145/1718487.1718522 117, 119, 120

R. Socher, E. H. Huang, J. Pennington, A. Y. Ng, and C. D. Manning. Dynamic pooling and unfolding recursive autoencoders for paraphrase detection. In *NIPS*, 2011a. 49

R. Socher, J. Pennington, E. H. Huang, A. Y. Ng, and C. D. Manning. Semi-supervised recursive autoencoders for predicting sentiment distributions. In *EMNLP*, 2011b. DOI: 10.1109/cis.2016.0035 49

Y. Song and D. Roth. On dataless hierarchical text classification. In *AAAI*, pages 1579–1585, 2014. 52, 60, 73, 81

S. Sra. Directional statistics in machine learning: A brief review. *ArXiv Preprint ArXiv:1605.00316*, 2016. 54

M. Sundermeyer, R. Schlüter, and H. Ney. LSTM neural networks for language modeling. In *INTERSPEECH*, 2012. 76

J. Tang, M. Qu, and Q. Mei. PTE: Predictive text embedding through large-scale heterogeneous text networks. In *KDD*, pages 1165–1174, 2015. DOI: 10.1145/2783258.2783307 39, 50, 52, 60, 73

F. Tao, K. H. Lei, J. Han, C. Zhai, X. Cheng, M. Danilevsky, N. Desai, B. Ding, J. Ge, H. Ji, R. Kanade, A. Kao, Q. Li, Y. Li, C. X. Lin, J. Liu, N. C. Oza, A. N. Srivastava, R. Tjoelker, C. Wang, D. Zhang, and B. Zhao. Eventcube: Multi-dimensional search and mining of structured and text data. In *KDD*, pages 1494–1497, 2013. DOI: 10.1145/2487575.2487718 94

F. Tao, H. Zhuang, C. W. Yu, Q. Wang, T. Cassidy, L. M. Kaplan, C. R. Voss, and J. Han. Multi-dimensional, phrase-based summarization in text cubes. *IEEE Data Engineering Bulletin*, 39:74–84, 2016. 7

F. Tao, C. Zhang, X. Chen, M. Jiang, T. Hanratty, L. Kaplan, and J. Han. Doc2cube: Automated document allocation to text cube via dimension-aware joint embedding. In *ICDM*, 2018. 49

S. Tong and J. Dean. System and methods for automatically creating lists, 2008. U.S. Patent 7,350,187. 33

D. Tunkelang. Faceted search. *Synthesis Lectures on Information Concepts, Retrieval, and Services*, (1), 2009. DOI: 10.2200/s00190ed1v01y200904icr005 94

P. Velardi, S. Faralli, and R. Navigli. OntoLearn reloaded: A graph-based algorithm for taxonomy induction. *Computational Linguistics*, 2013. DOI: 10.1162/coli_a_00146 31

C. Wang, J. Wang, X. Xie, and W.-Y. Ma. Mining geographic knowledge using location aware topic model. In *GIR*, pages 65–70, 2007. DOI: 10.1145/1316948.1316967 119

C. Wang, M. Danilevsky, N. Desai, Y. Zhang, P. Nguyen, T. Taula, and J. Han. A phrase mining framework for recursive construction of a topical hierarchy. In *KDD*, 2013a. DOI: 10.1145/2487575.2487631 17

C. Wang, X. Yu, Y. Li, C. Zhai, and J. Han. Content coverage maximization on word networks for hierarchical topic summarization. In *CIKM*, pages 249–258, 2013b. DOI: 10.1145/2505515.2505585 17

C. Wang, X. He, and A. Zhou. A short survey on taxonomy learning from text corpora: Issues, resources and recent advances. In *EMNLP*, 2017. DOI: 10.18653/v1/d17-1123 31, 45

R. C. Wang and W. W. Cohen. Language-independent set expansion of named entities using the Web. In *ICDM*, 2007. DOI: 10.1109/icdm.2007.104 33

R. C. Wang and W. W. Cohen. Iterative set expansion of named entities using the Web. In *ICDM*, 2008. DOI: 10.1109/icdm.2008.145 33

P. Warrer, E. H. Hansen, L. Juhl-Jensen, and L. Aagaard. Using text-mining techniques in electronic patient records to identify ADRS from medicine use. *British Journal of Clinical Pharmacology*, 73–5:674–84, 2012. DOI: 10.1111/j.1365-2125.2011.04153.x 1

K. Watanabe, M. Ochi, M. Okabe, and R. Onai. Jasmine: A real-time local-event detection system based on geolocation information propagated to microblogs. In *CIKM*, pages 2541–2544, 2011. DOI: 10.1145/2063576.2064014 144, 146

J. Weeds, D. Clarke, J. Reffin, D. J. Weir, and B. Keller. Learning to distinguish hypernyms and co-hyponyms. In *COLING*, 2014. 16

J. Weng and B.-S. Lee. Event detection in twitter. In *ICWSM*, pages 401–408, 2011. 143, 145, 146

W. Wu, H. Li, H. Wang, and K. Q. Zhu. Probase: A probabilistic taxonomy for text understanding. In *SIGMOD Conference*, 2012. DOI: 10.1145/2213836.2213891 31, 36

J. Xie, R. B. Girshick, and A. Farhadi. Unsupervised deep embedding for clustering analysis. In *ICML*, 2016. 58, 79

W. Xu, H. Sun, C. Deng, and Y. Tan. Variational autoencoder for semi-supervised text classification. In *AAAI*, 2017. 50

H. Yang and J. Callan. A metric-based framework for automatic taxonomy induction. In *ACL*, pages 271–279, 2009. DOI: 10.3115/1687878.1687918 14, 16, 17

S. Yang, L. Zou, Z. Wang, J. Yan, and J.-R. Wen. Efficiently answering technical questions—a knowledge graph approach. In *AAAI*, 2017. 31

Z. Yang, D. Yang, C. Dyer, X. He, A. J. Smola, and E. H. Hovy. Hierarchical attention networks for document classification. In *HLT-NAACL*, pages 1480–1489, 2016. DOI: 10.18653/v1/n16-1174 49, 59, 61, 71, 82

Z. Yin, L. Cao, J. Han, C. Zhai, and T. S. Huang. Geographical topic discovery and comparison. In *WWW*, pages 247–256, 2011. DOI: 10.1145/1963405.1963443 117, 119, 120, 131

Z. Yu, H. Wang, X. Lin, and M. Wang. Learning term embeddings for hypernymy identification. In *IJCAI*, pages 1390–1397, 2015. 16

Q. Yuan, G. Cong, Z. Ma, A. Sun, and N. M. Thalmann. Who, where, when and what: Discover spatio-temporal topics for twitter users. In *KDD*, pages 605–613, 2013. DOI:

10.1145/2487575.2487576 119

C. Zhang, K. Zhang, Q. Yuan, L. Zhang, T. Hanratty, and J. Han. GMove: Group-level mobility modeling using geo-tagged social media. In *KDD*, pages 1305–1314, 2016a. DOI: 10.1145/2939672.2939793 117

C. Zhang, G. Zhou, Q. Yuan, H. Zhuang, Y. Zheng, L. Kaplan, S. Wang, and J. Han. Geoburst: Real-time local event detection in geo-tagged tweet streams. In *SIGIR*, pages 513–522, 2016b. DOI: 10.1145/2911451.2911519 7, 155, 156

C. Zhang, L. Liu, D. Lei, Q. Yuan, H. Zhuang, T. Hanratty, and J. Han. TrioVecEvent: Embedding-based online local event detection in geo-tagged tweet streams. In *KDD*, pages 595–604, 2017a. DOI: 10.1145/3097983.3098027 7, 54, 74

C. Zhang, K. Zhang, Q. Yuan, H. Peng, Y. Zheng, T. Hanratty, S. Wang, and J. Han. Regions, periods, activities: Uncovering urban dynamics via cross-modal representation learning. In *WWW*, 2017b. DOI: 10.1145/3038912.3052601 7

C. Zhang, K. Zhang, Q. Yuan, F. Tao, L. Zhang, T. Hanratty, and J. Han. React: Online multimodal embedding for recency-aware spatiotemporal activity modeling. In *SIGIR*, pages 245–254, 2017c. DOI: 10.1145/3077136.3080814 7

C. Zhang, D. Lei, Q. Yuan, H. Zhuang, L. M. Kaplan, S. Wang, and J. Han. Geoburst+: Effective and real-time local event detection in geo-tagged tweet streams. *ACM Transactions on Intelligent Systems and Technology*, 9(3):34:1–34:24, 2018a. DOI: 10.1145/3066166 155

C. Zhang, F. Tao, X. Chen, J. Shen, M. Jiang, B. M. Sadler, M. Vanni, and J. Han. TaxoGen: Unsupervised topic taxonomy construction by adaptive term embedding and clustering. In *SIGKDD*, pages 2701–2709, 2018b. DOI: 10.1145/3219819.3220064 6

X. Zhang and Y. LeCun. Text understanding from scratch. *CoRR*, abs/1502.01710, 2015. 49

X. Zhang, J. J. Zhao, and Y. LeCun. Character-level convolutional networks for text classification. In *NIPS*, 2015. 49, 60, 81

Y. Zhang, A. Ahmed, V. Josifovski, and A. J. Smola. Taxonomy discovery for personalized recommendation. In *WSDM*, 2014. DOI: 10.1145/2556195.2556236 31

B. Zhao, C. X. Lin, B. Ding, and J. Han. TexPlorer: Keyword-based object search and exploration in multidimensional text databases. In *CIKM*, pages 1709–1718, 2011. DOI: 10.1145/2063576.2063822 94

D. Zhou, O. Bousquet, T. N. Lal, J. Weston, and B. Schölkopf. Learning with local and global consistency. In *NIPS*, 2003. 42

J. Zhu, Z. Nie, X. Liu, B. Zhang, and J.-R. Wen. StatSnowball: A statistical approach to extracting entity relationships. In *WWW*, pages 101–110, 2009. DOI: 10.1145/1526709.1526724 17

推荐阅读

数据挖掘：概念与技术（原书第3版）

作者：韩家炜 Micheline Kamber 裴健 译者：范明 孟小峰 ISBN：978-7-111-39140-1 定价：79.00元

数据挖掘领域最具里程碑意义的经典著作
完整全面阐述该领域的重要知识和技术创新

Jiawei、Micheline和Jian的教材全景式地讨论了数据挖掘的所有相关方法，从聚类和分类的经典主题，到数据库方法（关联规则、数据立方体），到更新和更高级的主题（SVD/PCA、小波、支持向量机），等等。总的说来，这是一本既讲述经典数据挖掘方法又涵盖大量当代数据挖掘技术的优秀著作，既是教学相长的优秀教材，又对专业人员具有很高的参考价值。

—— 摘自卡内基-梅隆大学Christos Faloutsos教授为本书所作序言

异构信息网络挖掘：原理和方法

作者：孙怡舟 韩家炜 译者：段磊 朱敏 唐常杰 ISBN：978-7-111-54995-6 定价：69.00元

本书讲述挖掘异构信息网络所需的原理和方法。是著名华裔科学家韩家炜和美国加州大学洛杉矶分校副教授孙怡舟博士联袂编写的数据挖掘研究生教材。本书是伊利诺伊香槟分校数据挖掘高级课程的参考教材，与我们引进出版的那本韩老师的名著《数据挖掘：概念与技术》互为补充，适合作为研究生数据挖掘课程的参考教材，也适合数据挖掘研究人员和专业技术人员参考。

推荐阅读

文本数据管理与分析：信息检索与文本挖掘的实用导论

作者：翟成祥 肖恩·马森 译者：宋巍 赵鑫 李璐旸 李洋 等 审校：刘挺

ISBN：978-7-111-61176-9 定价：139.00元

本书内容以文本数据处理为核心，从理论到实践介绍了文本数据管理与分析的关键问题，广泛涵盖了信息检索和文本挖掘相关技术。

具体内容包括：

- 文本信息获取与挖掘基础：统计与概率论、信息论等相关理论和文本数据理解技术。
- 文本信息获取关键技术：信息检索的模型、实现和评价，网络搜索以及推荐系统等。
- 文本挖掘关键技术：文档分类，文档聚类，文本摘要，主题分析，观点挖掘与情感分析，文本与结构化数据联合分析等。
- 文本管理和分析系统：整合信息检索与文本分析技术，结合配套软件工具META，构建统一的、人机结合的文本管理和分析系统。

机器学习基础——面向预测数据分析的算法、实用范例与案例研究

作者：约翰·D. 凯莱赫 布莱恩·马克·纳米 奥伊弗·达西 译者：顾卓尔 审校：张志华 等

ISBN：978-7-111-65233-5 定价：99.00元

数据科学和人工智能是当今最为活跃学科，许多高校纷纷设置了本科生专业。机器学习是数据科学和人工智能的核心和基础，因此为本科生开设一门机器学习或数据科学导论性的通识课是必要的。《机器学习基础》一书内容基础、通俗易懂。更为重要的是其数据分析案例和实例丰富、翔实。所以我认为该书非常适合作为本科生的通识课教材。

——张志华，北京大学数学学院教授

这是一本触及机器学习本质并将其清晰直观地呈现出来的内容完善的优秀书籍。本书的讨论从对 “大思路” 的趣味描述递进到更为复杂的信息论、概率、统计和优化论概念，强调如何将商业问题转换为分析解决方案，还包含翔实的案例分析和实例。本书易于阅读，引人入胜，推荐所有对机器学习及其在预测分析中的应用感兴趣的人阅读。

——Nathalie Japkowicz，渥太华大学计算机科学教授

推荐阅读

数据中心一体化最佳实践：设计仓储级计算机（原书第3版）

作者：路易斯·安德烈·巴罗索 乌尔斯·霍尔兹勒 帕塔萨拉蒂·兰加纳坦 译者：徐凌杰

ISBN：978-7-111-64486-6 定价：79.00元

5G时代的到来，意味着万物互连后的数据大爆炸和数据来源的更加多样，而传统的超算中心和新兴的互联网企业都有日益旺盛的算力需求，在人工智能、大数据、云计算、区块链、边缘计算等新一代信息技术迅猛发展的大趋势下，它们也在向彼此靠拢、相互融合、创新发展。数据中心一体化设计正是应对多样化工作负载融合创新的重要成果，值得每一位致力于此领域的研究人员和从业者认真思考和学习。

——张云泉，中国科学院计算技术研究所研究员

今天，以谷歌、亚马逊、阿里等为代表的公司和机构，把成千上万的“电脑”以奇妙的方式组合起来，通过集中的方式、基于海量的数据，给世界上各种组织与个人提供“无穷”的计算与存储资源，从而为人类提供各式各样的信息服务。这本书从谷歌的实践和理解出发，结合世界上先进的计算机系统与体系结构领域的进展，向读者展示了这样一个“巨型电脑”的软硬件组成、核心要素、评价指标、成本分析以及未来发展趋势。如果你也想“造”一个这样的“巨型电脑”，那这本书一定应该在你的必读书目里！

——汪玉，清华大学教授

高性能计算：现代系统与应用实践

作者：托马斯·斯特林 马修·安德森 马切伊·布罗多维茨 译者：黄智濒 艾邦成 杨武兵 李秀桥

ISBN：978-7-111-64579-5 定价：149.00元

戈登·贝尔亲笔作序，回顾并展望超算领域的发展之路

戈登·贝尔奖获得者及其团队撰写，打造多路径的高效学习曲线

入门级读物，全面涵盖重要的基础知识和实践技能

高性能计算涉及硬件架构、操作系统、编程工具和软件算法等跨学科的知识，学习曲线较长。本书从中提炼出核心知识及技能，为初学者构建了一条易于理解的学习路径，夯实基础的同时注重培养实战能力。

书中首先介绍基础知识，包括执行模型、体系结构、性能度量、商品集群等；接着讲解吞吐量计算、共享内存计算、消息传递计算和加速GPU计算，围绕这些模型的概念、细节及编程实践展开讨论；然后引导读者构建应用程序，涵盖并行算法、库、可视化及性能优化等；最后，考虑真实系统环境，讨论了操作系统、大容量存储、文件系统及MapReduce算法等。书中通过大量示例来说明实际操作方法，这些均可在并行计算机上执行，以帮助读者更好地理解方法背后的原因。